大豆干旱响应环状RNA鉴定及非生物胁迫调控途径分析

王雪松　何　丹　著

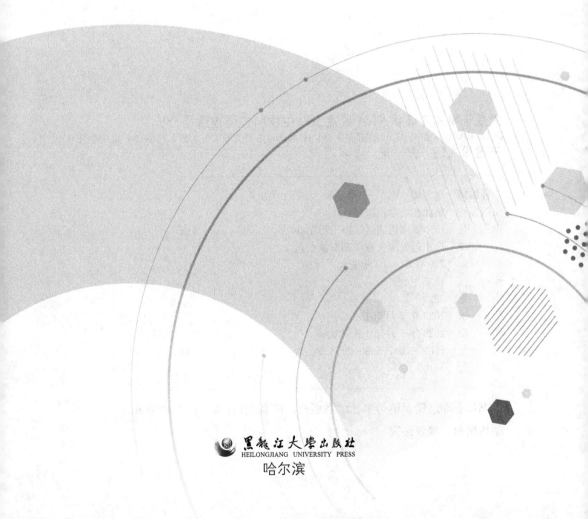

黑龙江大学出版社
HEILONGJIANG UNIVERSITY PRESS
哈尔滨

图书在版编目（CIP）数据

大豆干旱响应环状 RNA 鉴定及非生物胁迫调控途径分析 / 王雪松，何丹著. -- 哈尔滨：黑龙江大学出版社，2023.7
ISBN 978-7-5686-0954-8

Ⅰ. ①大… Ⅱ. ①王… ②何… Ⅲ. ①大豆－抗旱性－核糖核酸－鉴定②大豆－植物生理学－研究 Ⅳ. ① S565.11

中国国家版本馆 CIP 数据核字（2023）第 048296 号

大豆干旱响应环状 RNA 鉴定及非生物胁迫调控途径分析
DADOU GANHAN XIANGYING HUANZHUANG RNA JIANDING JI FEISHENGWU XIEPO TIAOKONG TUJING FENXI
王雪松　何　丹　著

责任编辑　高　媛
出版发行　黑龙江大学出版社
地　　址　哈尔滨市南岗区学府三道街 36 号
印　　刷　天津创先河普业印刷有限公司
开　　本　720 毫米 ×1000 毫米　1/16
印　　张　13.5
字　　数　222 千
版　　次　2023 年 7 月第 1 版
印　　次　2023 年 7 月第 1 次印刷
书　　号　ISBN 978-7-5686-0954-8
定　　价　54.00 元

前　言

大豆（*Glycine max*）是重要的植物蛋白和食用油来源,在世界经济中占有重要地位。然而大豆生产经常受到干旱和盐胁迫等不利环境因素的严重影响。环状 RNA 是一类新型的非编码 RNA,具有多种功能,可以作为 miRNA 海绵行使吸附功能,从而抑制 miRNA 对其下游靶基因的裂解作用,参与对多种生命活动的调控。在动物中也被证明能够编码蛋白质,而且可以参与胁迫植物中的多种生物胁迫与非生物胁迫响应机制。

本书以垦丰 16 大豆品种为材料,对其进行 5%PEG 6000 模拟干旱处理,通过新一代高通量测序技术挖掘大豆干旱响应中的环状 RNA,利用 PCR 技术和 Sanger 测序技术验证环状 RNA 的反向剪接位点,确定其真实性,并预测分析环状 RNA-miRNA-mRNA 互作网络。笔者利用实时荧光定量 PCR 技术,分析大豆环状 RNA 作为 miRNA 海绵的表达模式后,挑选表达模式满足互补趋势的 *gma-miR9725* 及其 miRNA 海绵 gma_circ_0000531 进行后续的功能验证,并通过 5′RACE 实验确定 *gma-miR9725* 与其靶基因的互补切割位点,结果表明 *gma-miR9725* 可以在大豆体内直接切割 *GmAKT*1。之后笔者通过发状根农杆菌介导的诱导技术,得到具有转基因根系的大豆复合植株,快速验证 *gma-miR9725* 在逆境胁迫下的表型与功能,结果表明,在过表达 *gma-miR9725* 发状根中,*GmAKT*1 的表达水平下调,且 *gma-miR9725* 和其靶基因 *GmAKT*1 在干旱和 ABA 处理下的表达模式呈互补趋势。笔者通过进一步分析 *gma-miR9725* 的靶基因 *GmAKT*1 的表达模式,发现其除了受干旱和 ABA 调控外,还受低钾和高盐胁迫的诱导。笔者以哥伦比亚野生型拟南芥和东农 50 为实验材料,得到 *GmAKT*1 的过表达植株,分析其在逆境胁迫下的表型与功能,结果表明,*GmAKT*1 可以通过调控大豆根部的 K^+ 吸收,维持大豆体内的 Na^+/K^+ 平衡,增强大豆对干旱、低钾胁迫和盐胁迫的耐受性,阐明了大豆响应非生物胁迫下的 gma_circ_0000531-gma-miR9725-GmAKT1 调控途径。本书为进一步探讨环状 RNA 在大豆非生物胁迫中的作用机制奠定了重要的基础。

齐齐哈尔大学王雪松负责本书第 1 章、第 2 章、部分第 3 章的撰写,共计11.1 万字;齐齐哈尔大学何丹负责本书部分第 3 章、第 4 章、附录的撰写,共计11.1 万字。

本书的编写得到了东北农业大学李文滨教授和李永光研究员的支持与帮助,同时黑龙江大学出版社的编辑高嫒也为本书的出版提供了帮助与支持,在此表示衷心的感谢。

希望本书能够为从事植物环状 RNA 相关研究的老师和学生提供研究思路和方法,但由于笔者水平和经验有限,若本书存在疏漏或不妥之处,敬请广大读者和同人批评指正。

王雪松 何丹

2023 年 3 月

目　　录

1　绪论 ……………………………………………………………… 1

　1.1　干旱对大豆的影响 ………………………………………… 1

　1.2　环状 RNA 简介 …………………………………………… 5

　1.3　植物环状 RNA 的主要特征 ……………………………… 9

　1.4　植物环状 RNA 的识别与鉴定 …………………………… 13

　1.5　植物环状 RNA 的功能 …………………………………… 15

　1.6　植物环状 RNA 参与的生物学过程 ……………………… 23

　1.7　本书研究的目的与意义 …………………………………… 27

　1.8　技术路线 …………………………………………………… 28

2　材料与方法 …………………………………………………… 29

　2.1　实验材料 …………………………………………………… 29

　2.2　实验方法 …………………………………………………… 31

3　结果与分析 …………………………………………………… 60

　3.1　大豆干旱胁迫相关环状 RNA 的分析 …………………… 60

　3.2　gma-miR9725 参与大豆干旱胁迫响应分析 …………… 88

　3.3　大豆 GmAKT1 基因参与植物逆境胁迫响应的研究 …… 105

　3.4　结论与展望 ………………………………………………… 136

　3.5　创新点 ……………………………………………………… 137

4 讨论 ·· 138

4.1 大豆环状 RNA 作为 miRNA 海绵参与抗旱响应 ···················· 138

4.2 *gma-miR9725* 参与植物非生物胁迫响应机制 ···················· 141

4.3 *gma-miR9725* 靶基因调控植物非生物胁迫机制 ···················· 143

附录 ··· 147

参考文献 ··· 180

1 绪论

1.1 干旱对大豆的影响

1.1.1 干旱对大豆正常生长的危害

随着经济的快速发展,全球人口不断增长,而人口膨胀会使人类对于粮食的需求快速上升,因此我们很有可能面对严重的粮食危机。水分是植物正常生长发育过程中的重要物质,在粮食生产和能源生产方面起着至关重要的作用。干旱胁迫对作物平均产量的影响高达50%以上,对作物产量和质量的影响极为显著。此外,受到气候变化的影响,水资源逐渐匮乏,导致干旱的加剧,从而引起作物的减产。气候变暖使我国南北方的干旱程度都明显加重,范围也明显增加,而且干旱持续时间较长,严重情况下一年四季都可能发生干旱。在这种情况下我国的粮食生产形势十分严峻。

大豆富含植物蛋白,可以用来制作多种食品,如豆油、酱油、豆制品等,是最重要的豆科作物。然而,干旱胁迫会显著影响大豆的出苗时间、发芽率与叶片面积,种子质量与产量也显著降低。除此之外,干旱对大豆生长发育的抑制还体现在分子、生化及生理代谢等过程中,也会对大豆的形态发育产生严重影响。因此,了解大豆的干旱响应分子机制,减轻干旱对大豆的生长抑制,提高大豆在干旱胁迫下的品质与产量,一直是众多学者的研究重点。

干旱明显抑制大豆的光合速率与蒸腾速率,并减小大豆叶片的气孔导度。若大豆在苗期受到水分胁迫会导致产量减少约20%,而开花期受到水分胁迫会导致产量减少约 46%。干旱不利于大豆的生长,会引起大豆的株高降低、节数减少,也会严重抑制大豆的单株荚数和单荚粒数,从而导致地上部分生物量减少;而在对于大豆产量形成最重要的鼓粒期,由于大豆对干旱的高度敏感,干旱对鼓粒期大豆的不利影响更为显著。深入了解大豆响应干旱胁迫的机制对提高大豆的产量和品质具有重要意义。另外,水分不足会导致植物产生多种不同的生理和生化反应,如细胞渗透压增加、可溶性溶质积累量增加、胁迫相关基因的表达水平改变以及相关植物激素积累量增加等。

1.1.2   干旱对大豆光合作用的影响

在干旱环境条件下,植物组织面临水分平衡失调的压力,此时光合作用会受到明显抑制,因此在干旱条件下如何维持植物的正常光合作用显得尤为重要。植物面对水分不足时会迅速关闭气孔,以避免蒸腾作用造成的进一步水分损失,这会使叶片中的 CO_2 同化率降低,进而抑制其光合效率。研究表明,干旱胁迫下,气孔关闭,叶片吸收 CO_2 减少,可通过对核酮糖-1,5-双磷酸羧化酶/加氧酶(Rubisco)的受体位点进行抑制,导致叶片的净光合速率下降,或通过直接抑制光合酶以及 ATP 合成进而抑制光合作用。

有研究表明,水分胁迫下植物的生化变化可能也会抑制其光合速率,气孔或非气孔限制都有可能造成水分胁迫下的光合速率降低。轻度缺水情况下,大豆叶片水分不足,大豆叶片通过气孔调节和气孔限制来降低光合速率,以降低对光合系统的破坏;而在严重干旱胁迫下,大豆的光合器官受到损伤,失去调节气孔的能力,这时非气孔限制会破坏大豆的光合系统进而限制光合作用;重度干旱环境引起的非气孔限制会直接影响 ATP 合酶,导致 ATP 和 NADPH 供应不足,也会影响电子传递与光化学效率,导致叶绿体无法正常行使功能,最终导致光合作用受限。

1.1.3　大豆的抗旱机制

1.1.3.1　干旱胁迫下大豆的形态调节

　　形态调节是大豆适应干旱不利条件的有效手段之一,形态特征是大豆抗旱研究中的一个重要内容。大豆的形态指标是众多学者多年来实践所得的宝贵经验,是大豆抗旱研究过程中的有效手段,其中有很多根系相关的生理指标与大豆抗旱性密切关联。在干旱胁迫条件下,大豆根系分布会发生变化,在土壤表层根系密度较低,而含水量相对较高的土壤深层根系密度较高,而且大豆受到干旱胁迫时,抗旱品种的根系密度在很大程度上要大于不抗旱品种。此外,在大豆苗期,抗旱品种的根长、根体积在面对干旱环境时也明显高于不抗旱品种。在大豆其他生长期,干旱胁迫会导致其根部生长发育迟缓,但由于大豆冠部对干旱胁迫更敏感,所以相比于根部,大豆冠部生长会受到更明显的抑制,导致根冠比呈增加趋势。

　　干旱胁迫下,不同抗旱品种大豆叶片的气孔特性不同,研究表明,叶片的气孔数量、气孔开度、气孔密度与大豆抗旱性有关。此外,大豆可以通过叶片的形态调节来适应干旱胁迫,在缺水环境下,大豆可以通过保持叶片面积来减少水分损失,同时降低光合作用来减弱干旱环境对大豆生长的抑制。

1.1.3.2　干旱胁迫下大豆的生理生化调节

　　大豆可以通过调节叶片的气孔导度来降低水分流失并保持细胞膨压,从而更好地适应干旱环境。有研究表明,干旱胁迫下大豆叶片的气孔导度减小,但与不抗旱品种相比,抗旱品种气孔导度的减小趋势更为明显。此外,植物可以通过调节细胞渗透势来适应干旱造成的不利影响,因此渗透调节能力可以作为植物是否抗旱的一个重要特征。研究表明,与不抗旱品种相比,大豆抗旱品种在干旱胁迫下可以保持较低的渗透势和较高的水势,这与抗旱品种较高的种子质量和产量密切相关。植物的渗透调节与细胞内脯氨酸、可溶性糖等溶质的主动积累能力有关,是逆境胁迫下维持细胞膨压的一种常见机制。在干旱、盐、极致温度等胁迫环境中,植物体内的脯氨酸含量会有不同程度的增加,且胁迫越严重,其积累量也会越高。有研究报道,在面对干旱环境时,抗旱品种大豆中的脯氨酸含量会明显高于不抗旱品种,并且干旱会影响脯氨酸合成相关基因 *GmP5CS* 的转录水平,将 *GmP5CS* 基因敲除后,大豆的生长也受到了明显抑制。此外,相比于不抗旱大豆,在面对干旱环境时,抗旱品种大豆的可溶性糖含量会明显增加。细胞内活性氧(ROS)的清除是植物响应干旱胁迫的生化调节机制之一。ROS 包括单线态氧、超氧阴离子、过氧化氢、羟自由基等。在正常情况下,ROS 作为叶绿体和线粒体内光合作用、光呼吸和呼吸作用的“副产品”,在植物细胞中不断合成和消除,含量很低。植物受到干旱胁迫,体内 ROS 的合成量超过消除量时,ROS 就会积累,而过量 ROS 会导致膜结构被破坏,膜相对透性增大,同时丙二醛含量升高,最终导致细胞死亡。在干旱压力影响下,大豆 ROS 活性与种子产量呈正相关,大豆品种对于干旱的耐受性与细胞质膜的相对透性和丙二醛的含量呈负相关,ROS 积累量的降低可以提高大豆对渗透胁迫的响应。

1.1.3.3　干旱胁迫下大豆的分子机制

高等植物的干旱耐受性与蛋白受体、激酶、转录因子、效应因子活性密切相关。面对干旱胁迫,植物已经进化出复杂而高效的分子机制和遗传调控网络,渗透感受器接收干旱信号传导到信号通路,从而激活下游干旱应答基因,引发干旱胁迫响应,以保护细胞的正常活动。

脱落酸(ABA)是植物干旱应答过程中的重要激素,可以导致气孔开度减小,并激活下游干旱应答基因。在植物中,ABA 可以在根细胞、薄壁细胞、叶肉细胞等多种细胞中合成,参与植物的生理和代谢调控。此外,ABA 的合成、积累和分解代谢对 ABA 信号途径起着十分关键的作用。在干旱条件下,ABA 的积累与 Ca^{2+} 和 ROS 水平有关,且在干旱胁迫下,ABA 被转运至保卫细胞来控制气孔开度。如图 1-1 所示,ABA 受体可通过结合 ABA 从而启动 ABA 信号,导致 ABA 受体与 PP2C 的相互作用,活性受到抑制,进而导致 SnRK 等激酶的激活。这些被激活的蛋白激酶可通过调节转录因子活性来调控应激响应基因的表达,也可通过调节保卫细胞或其他细胞的质膜蛋白来控制细胞膨压。根据在植物胁迫耐受过程中 ABA 信号通路的不同,可以将转录因子划分成两类:ABA 依赖途径和 ABA 不依赖途径。干旱的应答基因很多都具有 ABA 响应元件,转录水平会被 ABA 上调,如大豆中依赖 ABA 的 *GmRD22*、*GmRD20A* 和不依赖 ABA 的 *GmERD*1 在干旱条件下的表达水平均显著增加。

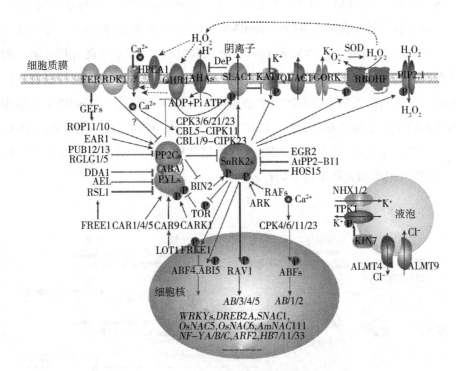

图 1-1　ABA 信号和转录调控对干旱胁迫的适应

1.2　环状 RNA 简介

干旱可以激活植物的一系列生理应激反应,干旱响应往往与编码蛋白基因的表达密切相关,例如大豆中的 *GmDREB*1 和 *GmMYBJ*1。随着高通量测序技术的发展与进步,越来越多与胁迫响应相关的植物非编码 RNA（non-coding RNA, ncRNA）被发现。有研究表明,ncRNA 在大豆胁迫响应中发挥重要作用,包括病原应答性微 RNA（microRNA, miRNA）和疾病应答性干扰小 RNA（small interfering RNA, siRNA）。ncRNA 可以直接与 DNA、RNA 以及蛋白质互作,进而调控胁迫响应基因的表达。很多 ncRNA 以线性结构存在,并在各种生物中发挥重要作用,例如加强植物抗旱性以及抑制组蛋白修饰等。

　　长链非编码 RNA（long noncoding RNA，lncRNA）也属于 ncRNA 的一种，lncRNA 与 ncRNA 一样都不能编码蛋白质，但是 lncRNA 调控编码 RNA 基因的表达。lncRNA 涉及的机制非常广泛，可以在转录翻译过程中介导基因的表达，也可以对蛋白质功能进行调节。lncRNA 可以通过序列特异性的方式与 DNA 或 RNA 结合。此外，lncRNA 不仅可以结合到特定蛋白质上并调节相应蛋白质活性，也可以作为分子骨架与蛋白质结合，从而促进核酸、蛋白质调控复合体的形成。正确调控蛋白质的表达对于细胞的生存至关重要，因此 lncRNA 在细胞中发挥的作用也是必不可少的。环状 RNA（circular RNA）是一种新型 ncRNA，也是一种特殊的 lncRNA，其 5′端和 3′端首尾共价连接成闭合环形结构（图 1-2），在所有组织和真核生物中均有表达。

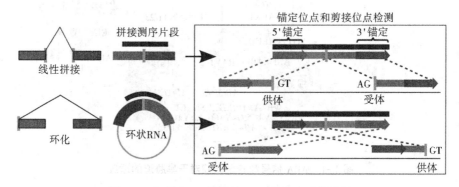

图 1-2　环状 RNA 与线性 RNA 剪接方式的差异

1.2.1　环状 RNA 的发现

　　环状 RNA 作为一种特殊的 lncRNA，最早于 1976 年在植物类病毒中被发现，之后的研究表明大量亚病毒都包含环状 RNA 基因组。此外，有研究报道人类、大鼠、小鼠和果蝇中的某些基因都包含一个或多个环状转录本。然而，由于其为闭环结构且表达量低，过去的很长时间环状 RNA 都被认为是异常剪接的产物或者剪接副产物，并不具有调控生命活动的功能。近年来，随着测序技术与生信分析的发展与进步，学者们发现环状 RNA 广泛存在于真核生物中，包括人类、动物和植物，环状 RNA 在生命活动中的重要功能也逐渐明晰。过去的十几年中,越来越多的证据显示环状 RNA 是具有多种生物学功能的大分子,且针对动物环状 RNA 的研究相对深入,多个环状 RNA 的功能与作用机制已经得到解析。与动物相比,关于植物环状 RNA 的研究相对较少。但有趣的是,已有研究表明动植物间环状 RNA 具有不同表达模式及生物发生机制,环状 RNA 在植物的生长发育调控及胁迫应答中起着重要作用。

1.2.2　环状 RNA 的分类与生物合成

1.2.2.1　环状 RNA 的分类

根据环状 RNA 的来源位置以及和其相邻的编码 RNA 的位置关系可以将环状 RNA 分为 5 类,除了来源于蛋白质编码基因外显子的外显子环状 RNA(exonic circRNA)、来源于内含子的内含子环状 RNA(intronic circRNA)和来源于基因间区(已知基因位点以外)的基因间区环状 RNA(intergenic circRNA)外,还包括 antisense 和 sense overlapping 两种类型(图 1-3)。antisense 是指环状 RNA 的基因位点与线性 RNA 重叠,但转录自反义链;sense overlapping 是环状 RNA 与线性 RNA 转录自相同基因位点,但是不属于外显子环状 RNA 或内含子环状 RNA。外显子来源的环状 RNA 是不包含内含子的,但有时环状 RNA 的形成过程中会保留内含子,从而形成同时包含内含子与外显子的环状 RNA(exon-intron circRNA,EIciRNA),主要存在于细胞核中。多个环状 RNA 也可以来自相同的基因位点,这种情况叫作可变环化。此外,一个环状 RNA 可能包含一个或多个外显子,含多个外显子的环状 RNA 必须在环化前或环化后进行剪接以去除内含子序列。

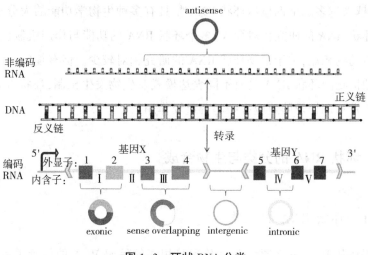

图 1-3　环状 RNA 分类

1.2.2.2　环状 RNA 的生物合成

在真核生物中,可通过反向可变剪接将外显子上游 5′ 端与下游 3′ 端反向相连,形成闭合环状 RNA, 主要分为外显子环化和内含子环化两大类形成方式。现在大部分研究的都是外显子环化 RNA,与常规线性剪接一样,环状 RNA 的反向剪接同样发生在细胞核内。在线性剪接中,信使 RNA(mRNA)中的内含子通常在转录完成之前被移除。在动物中,外显子环化的机制主要为:内含子配对驱动环化和套索驱动环化。内含子配对驱动环化,即直接反向剪接,环状 RNA 两侧内含子具有互补序列,使外显子 5′ 端的剪接受体与 3′ 端的剪接供体直接配对,2 个内含子结合,最终使外显子环化形成环状 RNA;套索驱动环化,即外显子跳读(exon skipping),则需要通过外显子跳读形成一个含有外显子的套索, 随后套索内发生反向剪接,内含子被切除最终形成环状 RNA。动物中这两种外显子环化机制都以环状 RNA 侧翼内含子区的互补性 Alu 重复序列即 Alu I 酶的识别序列 AGCT 为基础,有报道证实侧翼内含子间以及内含子内部的 RNA 配对之间的竞争会对外显子的环化能力产生影响。

与动物不同的是,大多数植物外显子环状 RNA 的侧翼内含子中并不含有大量重复和反向的互补序列。之前的研究发现,拟南芥中超过 33% 的环状 RNA 在距离两个反向剪接位点 4~11 bp 处会包含至少两段接头序列,此外,水稻环状 RNA 中仅 7.34 % 的侧翼内含子包含典型 GT/AG 剪接信号。这些结果暗示了环状 RNA 中典型剪接信号的驱动环化也许不是植物中环状 RNA 的主要形成机制,植物环状 RNA 形成时可能依赖多段短序列互补来弥补互补序列长度上的不足,从而提高其环化效率,这表明环状 RNA 在植物中存在着与动物不完全相同的形成机制。在玉米中发现了这样一种机制,转座子可能在环状 RNA 的形成过程中发挥重要作用。

近年来一些研究表明,在某些条件下 RNA 结合蛋白（RNA-binding protein, RBP）可能在环状 RNA 形成过程中充当调控激活剂或者抑制剂的角色,可以调节环状 RNA 的产生。例如,MBL(muscleblind)可以通过结合侧翼内含子中的 MBL 结合位点,从而促进环状 RNA 的产生;DHX9 可以通过结合内含子 Alu 元件,并利用其 RNA 解旋酶活性解开侧翼内含子 RNA 配对,抑制环状 RNA 的生成;腺苷脱氨酶 ADAR1（adenosine deaminase 1）可以通过对反向重复 Alu 元件的自动编辑来抑制反向剪接,从而抑制环状 RNA 的产生;QKI（quaking）在人类细胞上皮-间质转化过程中调节环状 RNA 的生物合成,QKI 可以通过与侧翼内含子结合来促进环状 RNA 的形成,QKI 二聚体的形成可以使剪接位点更靠近,更利于外显子环化。虽然在植物中已经发现了这些 RBP 的同源蛋白,但它们在环状 RNA 生物发生过程中的作用还不明确。拟南芥中的 QKI 同源蛋白含有 KH 结构域,该蛋白已经被证明参与前体 mRNA 的加工过程,并且在植物的开花调节、应激反应以及激素信号转导过程中发挥重要作用。另外,拟南芥 26 个具有 KH 结构域的 QKI 同源蛋白中,有 5 个与 QKI 同源性极高,通过蛋白比对发现,这 5 个拟南芥 QKI 同源蛋白与 QKI 很可能具有相同的生理功能,可能参与环状 RNA 的形成,但这一假设仍需进一步研究证明。

1.3　植物环状 RNA 的主要特征

1.3.1　环状 RNA 的稳定性

环状 RNA 的一个关键特征是其首尾相接的稳定环状构成,使得它们对核酸外切酶 RNase R 具有抗性,而 RNase R 是可以消化线性 RNA 的,所以环状

RNA 比线性 RNA 要稳定。Jeck 等人证明了环状 RNA 半衰期的中位数为 18.8~23.7 h,而其同源线性 RNA 半衰期的中位数仅为 4.0~7.4 h。因此,分析 RNA 能否成环的重要标准就是其能否在 RNase R 处理后仍稳定存在。如今学者们大多对 RNA 样品进行 RNase R 消化,得到环状 RNA,从而进行对环状 RNA 的进一步研究。然而,来源不同的环状 RNA 在结构上是存在差异的。例如, EIciRNA 与外显子环状 RNA 是由 3′-5′首尾相接的碳链分子组成的,而环状 RNA 则为 3′-5′首尾相接的环形分子。

1.3.2　植物环状 RNA 的保守性

环状 RNA 的另一个重要特征是进化的保守性。真菌、植物和原生生物中环状 RNA 的研究表明,环状 RNA 可以追溯到 10 亿年前。此外,环状 RNA 也表现出序列保守性。人与动物中编码区衍生的环状 RNA 普遍具有高序列保守性,且在密码子的第三位具有更为显著的保守性;基因间区环状 RNA 和内含子环状 RNA 也具有明显的序列保守性,但稍微弱于编码区衍生的环状 RNA。

植物中不同物种间的环状 RNA 具有一定的保守性,但这种保守性在物种与物种之间是存在差异的。Ye 等人发现水稻和拟南芥之间有 700 多个亲本基因存在同源性,其中 300 多个环状 RNA 产生于基因组相同位点,这说明水稻与拟南芥中环状 RNA 是高度保守的。Zhao 等人将大豆中可以产生环状 RNA 的基因与拟南芥、水稻基因之间的保守性进行对比,结果表明大豆与拟南芥和水稻之间的亲本基因具有高度保守性。然而有报道显示,玉米中的环状 RNA 基因与水稻和拟南芥之间的保守性极低,分别仅有 1.7% 和 0.1%。

1.3.3　植物环状 RNA 的来源与类型

植物环状 RNA 可以产生于核基因组序列,也可以产生于叶绿体和线粒体的基因组序列。植物环状 RNA 种类丰富,如上文所述,根据来源进行分类,可分为五种类型。来源不同的环状 RNA 在不同植物之间所占比例是有差异的。例如,水稻、拟南芥和玉米中外显子环状 RNA 占比最大,胡杨中高达 83.4% 的环状 RNA 来源于 sense overlapping 区域。大豆根茎叶三种组织的总环状 RNA

中,基因间区环状 RNA 占比最大。在对马铃薯环状 RNA 的研究中发现,其内含子环状 RNA 占最大比例,而且还首次在植物中鉴定出基因间区长链非编码 RNA（long intergenic noncoding RNA, lincRNA）来源的环状 RNA,比例达到 9.53%。

为了将环状 RNA 划分得更为细致,基于环状 RNA 反向剪接位点在基因组上的位置,Lu 等人将水稻中环状 RNA 细分为 5′UTR-5′UTR、5′UTR-CDS、CDS-CDS、CDS-intron、intron-intron、CDS-3′UTR、3′UTR-3′UTR、intergenic-5′UTR、CDS-intergenic、3′UTR-intergenic、intergenic-intergenic、ncRNA exon-exon 以及其他区域共 13 种类型,其中,水稻中 CDS-CDS 类型的环状 RNA 比例最高。除基因间区环状 RNA 以外,其他类型环状 RNA 与基因组上的基因间区均完全或部分重叠。研究表明,更多植物环状 RNA 产生于蛋白编码基因,如在拟南芥和水稻中,分别有 86% 和 92% 的环状 RNA 产生于蛋白编码基因。

1.3.4　植物环状 RNA 的可变剪接

可变剪接（alternative splicing, AS）是指一个 mRNA 前体以不同的剪接形式形成多种 mRNA 剪接异构体的一种剪接方式,包括外显子跳跃剪接、外显子互斥剪接、内含子保留剪接、5′选择性剪接以及 3′选择性剪接。可变剪接是高等真核生物中一种常见且复杂的剪接模式,且在植物的反向剪接过程中也发现了可变剪接。植物环状 RNA 可以在同一基因座产生多种可变剪接,当环状 RNA 的可变剪接发生在反向剪接位点时,同一基因可以产生不同的反向剪接位点,称为可变反向剪接;当环状 RNA 的可变剪接发生在序列内部时,具备同一剪接位点,但剪接位点之间的转录本长度不同,此种可变剪接与线性 mRNA 的正常可变剪接相似,称为可变剪接。在基因组上鉴定出具有重叠区域的环状 RNA 可归类为其在该位点上的亚型。

植物中环状 RNA 的可变剪接是非常普遍的现象,近年来多项研究表明,多种植物中都存在环状 RNA 的可变剪接。在水稻中,同样的位点产生了大量的环状 RNA 亚型,并且水稻中超过一半的环状 RNA 是通过可变环化产生的。例如,LOC_Os11g02080 基因能够产生 41 个亚型,LOC_Os12g02040 基因能够产生 38 个亚型。同年,Lu 等人发现水稻中 175 个亲本基因共能形成 175 个内含子环状 RNA,此外通过 Sanger 测序发现 Os10circ03574 在同一剪接位点共有 7 种亚型,在叶片和圆锥花序中分别有 2 种和 6 种亚型,说明植物中环状 RNA 的可变剪接形成是具有组织特异性的。Lv 等人发现大豆 225 个亲本基因中有 147 个可以形成两个及以上的环状 RNA。植物中可变反向剪接也是普遍存在的。例如,拟南芥、水稻和马铃薯中有超过 30% 的环状 RNA 是通过反向剪接产生的。Wang 等人在猕猴桃中发现的 163 个可变剪接事件中,3′选择性剪接占最高比例,且主要发生在蛋白编码基因形成的环状 RNA 中。根据以上发现可知,植物中一些编码 RNA 能够以可变剪接的方式产生多种环状 RNA 亚型。

1.3.5　植物环状 RNA 的剪接识别信号

环状 RNA 是通过反向剪接使首尾共价连接形成的闭合环状结构。真核生物中大部分内含子剪接都是通过 U2 依赖的剪接体完成的,U2 是高等真核生物中最丰富的核蛋白复合体,其 GU 和 AG 剪接信号分别位于 5′末端和 3′末端。在动物中,大多数外显子环状 RNA 通过典型剪接信号(GT/AG)剪接,而大多数植物环状 RNA 却具有非 GT/AG 剪接信号。在葡萄和棉花中,大部分环状 RNA 具有典型剪接信号,而在水稻、黄瓜与拟南芥叶绿体中,大量环状 RNA 具有非典型剪接信号,如 GC/CG、CT/GC 和 GC/GT。此外,单子叶和双子叶植物中环状 RNA 的剪接信号是有差别的。在水稻中,只有 7.3% 的环状 RNA 具有典型的 GT/AG 或 CT/AC 剪接信号,但大部分环状 RNA 具有多种非 GT/AG 剪接信号,如 GC/GG、CA/GC、GG/AG、GC/CG、CT/CC。在拟南芥的 803 个环状 RNA 中,大部分具有典型剪接信号 GT/AG,仅有 9 个环状 RNA 是由非典型剪接信号产生的。然而,环状 RNA 的多种剪接信号还需要在更多的植物中进行进一步验证。

1.4　植物环状 RNA 的识别与鉴定

1.4.1　植物环状 RNA 的识别方法

由于高通量深度测序技术的进步,我们能够在短时间内生成数百万个测序读长,如今高通量测序技术和生物信息学分析已成为鉴定与研究环状 RNA 最常用的手段。虽然环状 RNA 分子也可以在 poly(A) 富集样品的传统 RNA 测序文库中检测到,但由于没有 poly(A),环状 RNA 的检测效率较低。由于环状 RNA 不具有 5′端和 3′端,其对可以裂解线性 RNA 的 RNase R 具有抗性,所以一些对环状 RNA 的研究中会对去核糖体样本进一步进行 RNase R 消化,这样有助于提高检测环状 RNA 的敏感性并降低假阳性率。对环状 RNA 的识别主要依赖于不在参考基因组上的反向剪接的接头序列,通常无法被大多数标准算法识别。为了解决这一问题,近年来学者们开发了多种精确性高且能高效识别环状 RNA 的计算算法,例如 circRNA finder、CIRCexplorer、CIRI、find_circ、MapSplice、KNIFE 和 circseq-cup 等。然而,在对 RNA 测序数据库进行分析检测识别环状 RNA 时,这些算法在灵敏度、准确性和计算成本方面各有差异。通过对环状 RNA 识别工具的对比分析可知,CIRI、KNIFE 和 CIRCexplorer 在准确度和灵敏度方面有更高水平,而 MapSplice 的检测敏感度则相对更高。此外,将至少两种不同算法结合起来对数据库进行分析可以使环状 RNA 的预测结果更为可靠。但这些算法最初都是为人类或动物数据库设计的,考虑到植物和哺乳动物基因组之间的差异,Chen 等人开发了一个专门鉴定植物环状 RNA 的软件,名为 PcircRNA_finder。与 CIRCexplorer 和 find_circ 相比,该软件能够更准确地预测水稻 RNA 测序数据库中的环状 RNA。

对动物环状 RNA 研究不断深入,现在有很多动物环状 RNA 的数据库都已经建立,包括 circ2Traits、nc2Cancer、circBase、starBase v2.0、CircNet、deepBase v2.0、CircInteractome 和 circRNADb 等。与动物环状 RNA 数据库相比,植物环状 RNA 数据库在数据集和类型上都相对不足。PlantcircBase 和 PlantCircNet 包含了植物环状 RNA 数据库的综合资源,包括来自不同植物的已发表和未发表的环状 RNA 的通用识别码、基因组浏览以及相应物种中可能存在的环状 RNA-miRNA-mRNA 互作网络,从而能够识别出候选 miRNA 海绵。此外,PlantcircBase 还提供了特定环状 RNA 的结构可视化、功能注释以及通过 PCR 和 Sanger 测序得到的反向剪接位点验证信息,AtCircDB 用于分析拟南芥中环状 RNA 的组织特异性,CropCircDB 总结了玉米和水稻在响应非生物胁迫时的环状 RNA 信息,CircFunBase 包含通过实验验证和计算预测得到的环状 RNA 信息以及可视化的环状 RNA- miRNA 互作网络,ASmiR 包含植物线性 RNA 和环状 RNA 的可变剪接信息以及它们与 miRNA 的互作信息。然而,各种数据库中关于植物物种、系统发育保守性、细胞类型、组织或发育阶段表达、功能注释以及与其他分子的相互作用等信息仍然不足,所以仍需对植物环状 RNA 数据库进行进一步探索。

1.4.2　植物环状 RNA 的鉴定方法

通过高通量测序技术结合软件分析手段预测到目的环状 RNA 后,一般会先扩增出环状 RNA 的反向剪接位点并对其序列进行 Sanger 测序,最后进行序列比对,如图 1-4 所示。然而头尾剪接可以通过反向剪接或者基因重排产生,因此需要通过 RT-PCR 检测进一步验证预测环状 RNA 的真实性。RT-PCR 排除基因重排一般要用两对引物,一对发散引物(divergent primer)检测环状 RNA 和重组基因,另一对收敛引物(convergent primer)检测 mRNA 和环状 RNA。除了用 cDNA 为模板检测,还要用 gDNA 为模板检测。用 cDNA 作为模板,两对引物均有产物;用 gDNA 作为模板,只有收敛引物具有产物,表明检测的 RNA 不是由基因重排产生的,以 cDNA 和 gDNA 为模板只能扩增出收敛引物的产物,则表明此基因的 mRNA 并未发生可变反向剪接形成环状 RNA,也没有在检测区域发生基因重排(图 1-5)。

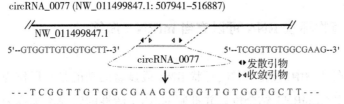

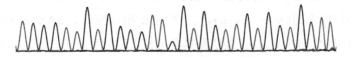

图 1-4　Sanger 测序与环状 RNA 鉴定引物设计

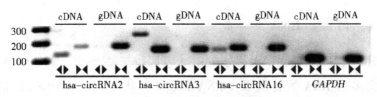

图 1-5　RT-PCR 排除基因重排

1.5　植物环状 RNA 的功能

　　环状 RNA 是在 RNA 介导的基因调控中发现的新角色,在转录和转录后水平上作用于多个生物学过程。动物中的大量研究都指出环状 RNA 可能在多个生物学过程中行使十分关键的功能,如 miRNA 结合、蛋白结合和转录调控等。动物环状 RNA 的许多功能机制已经被鉴定出来,其中一些已被证实可以参与人类疾病的发生,如癌症和阿尔茨海默病。尽管环状 RNA 在植物转录组学研究中广泛且丰富,对植物环状 RNA 的研究现在主要是通过生信分析预测和对其进行鉴定,但是植物环状 RNA 的功能与具体机制现在并不明晰。不过植物环状 RNA 很可能具有与动物环状 RNA 类似的功能,因此需要对环状 RNA 在植物中的功能进行进一步研究。

1.5.1　植物环状 RNA 可以充当 miRNA 海绵

通过在动物中的研究可知,环状 RNA 最显著的功能是可以作为 miRNA 海绵。含有多个 miRNA 结合位点并抑制 miRNA 活性的转录本被称为 miRNA 海绵,在动物和植物中分别称为竞争性内源性 RNA(competing endogenous RNA,ceRNA)和模拟靶标(target mimicry),它们可以用来探索 miRNA 的功能。由于环状 RNA 的环状结构对 RNA 外切酶具有抗性,其半衰期超过 48 h,而其对应线性 RNA 的半衰期为 20 h,因此环状 RNA 的高稳定性使其在细胞中更具有作为 miRNA 海绵的优势。

1.5.1.1　植物 miRNA 的合成

如图 1-6 所示,植物中大部分 miRNA 基因位于基因间区,初始转录本 pri-miRNA 大多由 RNA 聚合酶 Ⅱ(RNA Pol Ⅱ)从基因间区转录;随后,pri-miRNA 与 RNA 结合蛋白 DAWDLE(DDL)结合进入核处理中心 D-body,被双链 RNA 结合蛋白(锌指蛋白 SE 和 HYL1)、DCL1 以及核帽结合复合物 CBC 识别并切割,加工成为具有 step-loop 结构的 miRNA 前体,称为 pre-miRNA;pre-miRNA 在细胞核转运蛋白 HASTY 和其他因子的作用下被输出到细胞质中,被 DCL1 进一步加工成为 miRNA/miRNA* 二聚体,其中 miRNA 是引导链,miRNA* 是后随链;为了不被 SDN 等外切酶降解,保持稳定性,miRNA/miRNA* 的 3′端被 RNA 甲基转移酶 HEN1(HUA ENHANCER 1)甲基化;然后,miRNA 引导链被整合到 argonaute(AGO)蛋白中形成 RNA 诱导沉默复合物体(RNA-induced silencing complex,RISC),miRNA* 后随链被排出 RISC 外而降解。最后,miRNA 会根据碱基互补配对原则将 RISC 引导至靶 mRNA 处对 mRNA 进行裂解或抑制翻译,翻译抑制过程发生在植物的内质网中。

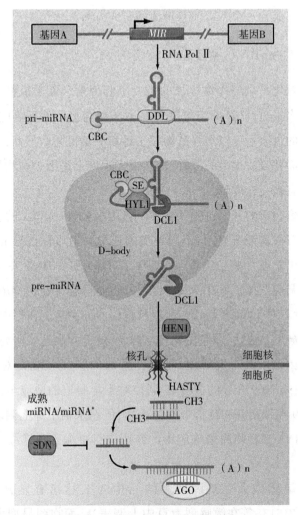

图 1-6 植物 miRNA 的生物合成

miRNA 可以通过两种途径发挥对其靶 mRNA 的抑制作用：一种是 miRNA 与靶 mRNA 不完全互补，miRNA 通过与靶 mRNA 的不完全互补配对抑制 mRNA 的翻译，属于翻译水平的调节；另一种是 miRNA 与靶 mRNA 完全互补，通过与靶 mRNA 的完全互补配对降解靶 mRNA，属于转录后水平的调节。miRNA 可以通过抑制转录阻遏物的表达来促进其亲本基因的转录，从而促进自身的表达；也有部分 miRNA 能够下调自身的表达从而促进其靶基因的活性。然而，在环状 RNA 可以通过吸附作用调控 miRNA 合成与表达的研究被报道之前，关于 miRNA 被调控的上游机制并不明晰。因此，环状 RNA 充当 miRNA 海绵参与下游调控的功能将成为一个新颖而有价值的研究方向。

1.5.1.2 植物 miRNA 参与逆境胁迫响应

干旱和盐碱化是全球作物生长的主要限制因素。关于植物抗旱与抗盐分子基础已有很多报道,已经确定了许多在干旱和高盐条件下响应的基因,一些胁迫响应基因的过表达可以增强植物对于逆境的适应力。然而,部分转基因植物在抗逆性方面并没有很大的改善,这在很大程度上是因为植物抗逆性的复杂调控机制还没有被完全理解。

除了编码蛋白质的基因,在逆境条件下,很多植物 miRNA 的表达也会有所变化。如今已有很多证据显示,不同种类的逆境胁迫可以诱导 miRNA 在多种植物中发挥作用。在一些植物中,$miR393$、$miR160$ 和 $miR167$ 在干旱和盐胁迫下通常都是上调表达的。其中 $miR160$ 通过靶向植物 $ARF10$、$ARF16$ 和 $ARF17$ 的响应因子,参与对干旱期间 ABA 和生长素信号的调节。在拟南芥中,$miR169$ 在干旱胁迫下被下调表达,而它的靶标 $NFYA5$ 被上调表达。研究表明,过表达 $NFYA5$ 的转基因株系具有抗旱性,而过表达 $miR169$ 的植物是对干旱敏感的。这些研究显示,$miR169$ 介导的 $NFYA5$ 调控对干旱胁迫的适应至关重要。干旱条件下,$miR169$ 在拟南芥和苜蓿中下调表达,但在水稻中却上调表达。这一结果表明,对 miRNA 在植物胁迫响应中的作用进行更深入和详细的研究是十分有意义的。

耐旱型和敏感型大豆基因型中的 miRNA 表达谱有显著差异。例如,$miR166-5p$、$miR1513c$ 等在敏感型大豆中上调表达,而在耐旱型大豆中下调表达;在水分胁迫条件下,$miR166f$ 在敏感型中上调表达,而在耐旱型中下调表达。此外,在耐盐野生大豆 ZYD3474 中,$miR319$、$miR160$ 和 $miRN2$ 在盐处理下被诱导表达,而 $miRN18$ 的表达量则明显降低。同样,对耐盐性不同的 2 个玉米品系 NC286 和 Huangzao4 的比较分析表明,miRNA 在盐胁迫下的表达也存在差异。这些发现表明,在胁迫敏感性不同的基因型密切相关的作物中,miRNA 的表达模式是有差异的。因此,对 miRNA 及其靶标进行更全面的分析,可能会为不同耐胁迫基因型作物中的 miRNA 介导的基因调控提供更清晰的认知。

在逆境响应过程中,某些 miRNA 的表达变化呈现组织特异性。例如,大麦在干旱胁迫下,$miR166$ 在叶片中上调表达,但在根中下调表达;$miR156a$、 *miR*171 和 *miR*408 在叶片中被诱导表达,但在根中却没有变化。相似的是,水分胁迫下,苜蓿 *miR*398 在叶片和根中都被诱导表达,但在叶片中上调趋势要比在根中更明显,说明不同组织中 miRNA 的不同调节可能对胁迫的适应十分重要。

1.5.1.3　环状 RNA 可以充当 miRNA 海绵

研究表明,在小鼠与人体中存在部分环状 RNA,并且包含丰富的 miRNA 结合位点。例如,小鼠中与睾丸发育相关的 circSRY 具有 16 个 *miR*-138 的结合位点;在人体细胞中,circHIPK2 是 *miR*124-2*HG* 的海绵,并可以在自噬和内质网应激期间调节星形胶质细胞的活化;circHIPK3 的高表达可通过海绵作用吸附多个不同 miRNA 来促进细胞增殖或调节胰岛素分泌。在人类中,ciRS-7,也称为 CDR1as,是一个能够抑制 *miR*-7 的典型 miRNA 海绵。ciRS-7 包含超过 70 个 *miR*-7 的保守结合位点,可以通过吸附 *miR*-7 而抑制其活性,从而促进 *miR*-7 靶 mRNA 的表达。

从对人类和动物的研究来看,植物环状 RNA 也极有可能具有 miRNA 海绵,或调控 miRNA 通路的潜在作用。虽然一些研究表明植物环状 RNA 可能作为 miRNA 海绵,但并没有直接的实验数据证明。与动物相比,作为 miRNA 海绵的植物环状 RNA 在总环状 RNA 中所占比例更小,包含的 miRNA 结合位点也更少。据报道,在水稻和拟南芥中,都只有不到 10% 的环状 RNA 被预测可能包含 miRNA 结合位点。另外,有 53 个沙棘环状 RNA、30 个黄瓜环状 RNA、25 个白菜环状 RNA、9 个辣椒环状 RNA 被预测作为 miRNA 海绵,但这需要进一步的实验验证。Liu 等人通过对拟南芥叶片中的环状 RNA-miRNA-mRNA 调控网络进行研究,发现同一 miRNA 靶向的环状 RNA 和 mRNA 之间表现为表达模式相反的趋势,表明环状 RNA 在叶片衰老时可能作为 miRNA 海绵参与下游 miRNA 和靶 mRNA 之间的调控网络。通过与 miRNA 的相互作用,环状 RNA 可能在多种过程中发挥调节作用,包括代谢过程、发育过程、生殖过程、非生物过程和仿生应激反应过程,但它们的真实性需要进一步的实验验证。近年来预测软件、miRNA 数据库和新的筛选程序的快速发展,为 miRNA 预测和验证 miRNA 靶标提供了便利,也可能揭示 miRNA 和环状 RNA 之间更多的联系。紫外交联免疫沉淀结合高通量测序（crosslinking-immunoprecipitation and high-throughput sequencing, CLIP-seq）技术已经成功地应用于植物中,可帮助鉴定识别作为 miRNA 海绵的环状 RNA。

1.5.2 环状 RNA 调控亲本基因的表达

环状 RNA 与亲本基因表达量的关联性并没有一致结论。例如,在拟南芥磷胁迫响应环状 RNA 中,有 40.7% 的表达变化与其亲本基因具有显著正相关性;茶树中环状 RNA 与亲本基因的表达水平总体呈正相关。也有很多植物环状 RNA 的表达与其亲本基因并无明显相关性,如玉米、猕猴桃和大麦等。

近年来,有报道通过转基因技术证明了环状 RNA 的过表达能够调节其亲本基因的表达,并影响植物的生长发育。在水稻中,环状 RNA 的过表达能够明显抑制其亲本基因在不同组织中的转录水平,说明水稻环状 RNA 可能负调控其亲本基因的表达。Tan 等人在番茄中过表达来源于八氢番茄红素合酶基因 *PSY1*（phytoene synthase 1）的 *PSY1-circ*1,发现后代株系出现了一部分果实呈黄色,番茄红素和 β-胡萝卜素的积累量明显降低,且转基因株系中亲本基因 *PSY1* 的表达水平明显下调。这一结果证实了植物环状 RNA 的过表达能够下调其亲本基因线性 mRNA 的表达,可能会导致转基因植株的表型变化。Conn 等人通过对拟南芥中来源于 SEPALLATA3（*SEP3*）基因的 *circSEP3* 的研究,提出了 R-loop 介导的可变剪接机制。*circSEP3* 来源于 *SEP3* 的第 6 个外显子,并与其同源 DNA 紧密结合形成 RNA-DNA 杂合 R-loop,导致转录暂停以及第 6 外显子跳跃,最终形成可变剪接的 *SEP3* 的 mRNA,抑制了亲本基因 *SEP3* 的表达水平。此外,转 *circSEP3* 拟南芥表现为雄蕊减少、花瓣增加等。研究表明,植物环状 RNA 可能通过 R-loop 的形成在可变剪接中发挥调节基因表达的作用,但其相关机制仍需进一步验证。

1.5.3 环状 RNA 与蛋白质互作

有学者提出,一些环状 RNA 除了作为 miRNA 海绵外,可能会与其他蛋白质结合或者充当蛋白质海绵。例如,EIciRNA 可以通过与小核糖核蛋白 U1 及其亲本基因启动子上的 RNA Pol Ⅱ 互作来促进其亲本基因的转录。据报道,一些

RNA 结合蛋白可与环状 RNA 结合。例如,ciR-7/CDR1as 能够通过 AGO2 蛋白实现竞争性结合 $miR-7$;circPABPN1 可以与 HuR 结合,从而抑制 HuR 与其线性同源基因 $PABPN1$ 的 mRNA 的结合,抑制 $PABPN1$ 的翻译过程;MBL 的表达会促进 circMbl 的生成,导致其亲本线性 mRNA 的表达水平下降,而 circMbl 可以通过结合 MBL 阻止其执行其他神经功能。此外,环状 RNA 还可通过与蛋白质结合参与细胞衰老、细胞周期等多种生命过程。例如,小鼠中的 circFoxo3 在非癌细胞中大量表达,其表达与细胞周期相关,它与周期蛋白依赖性激酶 CDK2(cyclin-dependent kinase 2)及周期蛋白依赖性激酶抑制因子(cyclin-dependent kinase inhibitor)p21 相互作用,形成 circFoxo3-p21-CDK2 三元复合物并抑制 CDK2 功能。

环状 RNA 和蛋白质的互作对于环状 RNA 的合成与降解,以及蛋白质的表达与功能都会产生影响。目前进行环状 RNA-蛋白质互作研究的主要方法有:RNase 酶保护实验,RNA pull-down,RNA 结合蛋白免疫沉淀,电泳迁移率变动分析(EMSA),荧光原位杂交(FISH)。由于技术上的限制,已经有研究证明环状 RNA 在体内发挥了重要作用,而且参与蛋白质结合的环状 RNA 的数量也很多,但是能够直接揭示环状 RNA 和蛋白质互作机制的技术依然很有限。目前,由于尚未出现对植物中环状 RNA 能否与蛋白质进行结合的研究,再加上环状 RNA-蛋白质相互作用技术上的限制,所以仍需通过生信分析与实验验证对其进行进一步研究,以明晰植物中环状 RNA-蛋白质相互作用的存在与否及具体机制。

1.5.4 环状 RNA 可以翻译新型蛋白

此前人们认为环状 RNA 不能编码蛋白质,因为真核生物中经典的 mRNA 依赖于 5′端帽结构进行翻译,但闭合环形的环状 RNA 并不具有这一结构。然而,环状 RNA 可能依赖其他途径进行蛋白质翻译。Mounir 等人在水稻中发现了一类能够翻译蛋白质的环状 RNA 结构类病毒,该环状 RNA 具有内部核糖体进入位点(internal ribosome entry site, IRES),当 IRES 元件插入到起始密码子 AUG 上游时,就可以启动翻译过程。研究表明,一些具有 IRES 元件的环状 RNA 可以在体内被翻译。通过对人类和果蝇环状 RNA 的研究发现,含有 IRES

序列和起始密码子 AUG 的内源性环状 RNA 可以翻译成蛋白质。例如,存在于果蝇头部的 circMbl 可以翻译得到 37.04 kDa 的蛋白质;人类 circ-ZNF609 含有一个具有起始密码子与终止密码子的完整开放阅读框 (open reading frame, ORF),可以以依赖于剪切和非 5′ 端帽的方式翻译成蛋白质,并且 circ-ZNF609 生成的蛋白质在肌细胞生成过程中发挥着重要作用。此外,研究表明,人类细胞中环状 RNA 富含 m^6A 甲基化修饰,可以像 IRES 元件一样驱动环状 RNA 的翻译。

虽然到目前为止,还没有关于植物环状 RNA 翻译蛋白质的报道,但已有一些研究对植物中环状 RNA 编码蛋白质的潜力进行了预测分析。核糖体图谱 (ribosome profiling) 分析表明,玉米中存在部分环状 RNA 具有翻译能力。目前已有软件可以预测植物环状 RNA 的翻译潜力。例如,Sun 等人开发出一个能够预测环状 RNA 翻译潜力的软件 CircCode,并且通过软件在拟南芥中预测出 1 569 个环状 RNA 具有编码潜力。Chen 等人通过对细胞质雄性不育系大豆的 RNA 测序结果进行分析,最终得到 165 个大豆环状 RNA 包含至少一个 IRES 元件和 ORF,通过保守结构域分析发现,有一部分环状 RNA 与开花以及花粉发育相关。我们之前的研究发现,在低温处理下,大豆中存在 12 个环状 RNA 包含一个或更多 IRES 元件和 ORF,其中 3 个具有保守结构域的环状 RNA 中有 2 个与植物冷胁迫相关。这些结果表明,植物环状 RNA 具有编码蛋白质的潜力,可能在植物的生长发育与逆境响应过程中发挥重要作用。植物环状 RNA 的编码蛋白质能力及其在植物中的潜在功能仍需大量的工作去验证。

1.5.5 环状 RNA 作为生物标记物

环状 RNA 是一种高度稳定的分子,在多种细胞类型中广泛存在,因此很适合作为生物标记物。许多研究表明,环状 RNA 可以作为人类疾病尤其是各类癌症的诊断和治疗中的新型生物标记物。也有研究表明,环状 RNA 可以作为中枢神经系统中一类衰老生物标记物。在植物中,生物标记物被普遍用于作物育种的分子基础研究和应用实践。例如,生物标记物基因可以用来评估植物对不同氮条件的响应,因此在监测并优化氮肥使用过程中起着十分重要的作用;生物标记物基因可以用于识别和区分微生物病原体;代谢生物标记物可以用于预测作物的产品质量。尽管环状 RNA 作为植物的生物标记物仍是一个新的概念，但因其半衰期长、抗降解以及检测的简易性和特异性，也可能使其成为植物中潜在的生物标记物。Conn 等人提出环状 RNA 可以作为拟南芥中 *MADS-box* 基因可变剪接的生物标记物，表明环状 RNA 很可能成为植物中一类十分重要的新型生物标记物。

1.6　植物环状 RNA 参与的生物学过程

环状 RNA 作为一类新型的非编码 RNA，近年来得到了学者们的广泛关注。多项研究证实了环状 RNA 广泛分布在不同的植物中。此外，环状 RNA 在植物发育过程中表现出明显的细胞、组织及发育表达特异性，并能够对多种逆境条件做出响应，包括干旱、极致温度、营养缺乏、昆虫咀嚼损失以及病原体感染等。这表明环状 RNA 可能像其他非编码 RNA 如 miRNA 和 lncRNA 一样，在植物生长发育过程以及多种逆境胁迫反应中发挥至关重要的作用。有证据显示，这些差异表达的环状 RNA 可以与 miRNA 相互作用并调控刺激应答基因的表达来控制植物对不利环境的反应。通过建立胁迫条件下环状 RNA 介导的 ceRNA 网络，可以推断并通过实验验证环状 RNA 的调控作用和潜在功能。

1.6.1　植物环状 RNA 与生长发育

研究表明，植物中一些环状 RNA 的表达水平在不同品系或不同发育阶段是存在差异的，这暗示了环状 RNA 可能在调控植物生长发育方面发挥着一定作用。Luo 等人发现有相当一部分环状 RNA 的序列或表达水平在不同玉米自交系间存在差异，表明玉米环状 RNA 在种内存在广泛的变异，这种变异可能起到了调控种内表型变异的作用。Zhao 等人预测大豆中环状 RNA 吸附的 miRNA 靶向基因中，有两个基因（*GmARF6* 和 *GmARF8*）参与大豆结瘤和侧根发育，表明大豆中环状 RNA-miRNA-mRNA 网络极有可能对大豆的生长发育起到关键的调控作用。

也有研究指出，环状 RNA 可能参与了对植物花粉发育的调节。Chen 等人发现，在细胞质雄性不育系与保持系大豆间差异表达的环状 RNA 可能吸附的

miRNA 中,有一部分与花粉发育和雄性育性密切相关。此外,Liang 等人通过构建环状 RNA-miRNA-mRNA 调控网络,预测到油菜中一个环状 RNA 可能在转录后水平参与了对花药发育的调控,GO 分析表明油菜中存在环状 RNA 调节纤维素、孢粉素、果胶和含油层的分泌与沉积以及绒毡层细胞的程序性死亡,这些都是与花药发育密切相关的。

环状 RNA 也可能调节植物的叶片发育和衰老。通过对拟南芥叶片环状 RNA-miRNA- mRNA 网络中 miRNA 靶向的 mRNA 进行 GO 和 KEGG 分析,Liu 等人发现环状 RNA 可能参与叶片衰老过程中的植物激素信号转导、卟啉和叶绿素代谢,可能在拟南芥叶片的衰老过程中起到调节作用。之后 Meng 等人发现拟南芥叶片中生成环状 RNA 的基因大多数属于叶片发育相关基因,并且叶片中的环状 RNA 可能作为 ceRNA 对叶片发育起到调控作用。对茶树叶片中环状 RNA 亲本基因的 GO 和 KEGG 分析表明,环状 RNA 可能参与了光合作用与代谢物合成过程。此外,Li 等人对胡杨的四种异形叶中的环状 RNA 进行分析,发现环状 RNA 对胡杨叶片的形态发育可能存在调控作用。环状 RNA 在一定程度上也能够调节植物的果实发育。有研究表明,番茄中的环状 RNA 可能参与对果实成熟的调控,且环状 RNA 在果实的不同发育阶段也具有特异性,可能参与了番茄果实的着色和成熟。研究表明,在沙棘果实的不同发育阶段存在 252 个差异表达环状 RNA,并且通过功能预测发现这些环状 RNA 的亲本基因大多参与了类胡萝卜素生物合成、脂质合成和植物激素信号转导。Zeng 等人在早熟枳与野生型中发现了 176 个差异表达环状 RNA,其中 61 个环状 RNA 在早熟枳中显著上调表达,115 个显著下调表达,暗示这些环状 RNA 可能在早熟过程中起着关键的调控作用。

1.6.2 植物环状 RNA 与生物胁迫

最早的生物胁迫响应植物环状 RNA 是在拟南芥与病原体相互作用的研究中发现的,鉴定得到的 803 个环状 RNA 中,6% 来自叶绿体,仅有 1% 来自线粒体,推测环状 RNA 可能参与了植物的光合作用。之后,在猕猴桃中也发现了病原体入侵下环状 RNA 的差异表达模式。猕猴桃细菌性溃疡病的病原体是丁香假单胞菌 (*Pseudomonas syringae* pv. *actinidiae*, Psa),Psa 侵染后共有 584 个差异表达环状 RNA,且其表达水平与感染阶段相关。通过表达分析和加权基因共表达网络分析,研究者鉴定得到了一组与植物防御反应密切相关的环状 RNA。在被马铃薯软腐病菌(*Pectobacterium carotovorum* subsp. *brasiliense*,Pcb)侵染后,马铃薯中发现了 429 个差异表达环状 RNA,其中 151 个环状 RNA 可能通过吸附 miRNA 来调节免疫应答基因的表达,GO 分析发现部分环状 RNA 的亲本基因可能参与了马铃薯免疫反应,表明环状 RNA 很可能参与了对马铃薯免疫反应的调控。Wang 等人鉴定得到了与番茄黄化曲叶病毒 TYLCV 感染有关的环状 RNA 共 184 个,其中 45% 的环状 RNA 在 TYLCV 感染的样本中特异表达,且很多环状 RNA 都来源于外显子。将一抗病相关环状 RNA 的亲本基因沉默后,TYLCV 的积累减少,且植株表现出明显抗病性。也有研究表明,环状 RNA 对棉花的黄萎病和玉米的花叶病毒 MIMV 感染也起到调控作用。这些结果揭示了部分环状 RNA 响应生物胁迫的机制,表明环状 RNA 可能参与调控生物胁迫,在植物的生物胁迫响应中发挥重要作用。

1.6.3 植物环状 RNA 与非生物胁迫

多项研究表明,环状 RNA 在非生物胁迫下会出现表达差异,例如营养缺失、强光、极致温度、干旱和高盐胁迫等。然而,植物环状 RNA 在非生物胁迫下的响应机制和具体生物学意义还不明晰,仍须通过更多研究进行探索。

1.6.3.1 营养胁迫

很多报道的结果证实,营养缺失能够影响植物环状 RNA 的表达水平。Ye 等人通过对磷充足与磷缺乏两种处理下的水稻环状 RNA 进行分析,发现一些环状 RNA 具有时间表达特异性,共得到了 27 个差异表达环状 RNA,其中 6 个在缺磷条件下显著上调表达,21 个显著下调表达。对大麦种子及叶片进行微量元素铁、锌处理后,鉴定得到了不同程度差异表达的环状 RNA,并且环状 RNA 的表达变化趋势与其亲本基因的线性转录本之间具有微弱的负相关性。比如,大麦 CAX2 是一种 H^+/阳离子逆向转运体,可以将钙、锌、铁等其他阳离子阻隔在液泡中。通过对叶片样本与种子样本的分析比较,研究者发现 circCax2 和 *Cax*2 mRNA 的表达水平呈现相反趋势,铁在叶中能触发 *Cax*2 的表达,但在铁离子处理的种子中却发现 *Cax2* 的表达受到抑制而 circCax2 呈上调表达趋势。在小麦中成功鉴定得到了 6 个参与低氮胁迫共同响应和 23 个参与低氮促进根系生长调控的差异表达环状 RNA,其中 7 个环状 RNA 可能作为 miRNA 海绵调控低氮响应。也有研究表明,环状 RNA 可能参与植物对于钙缺乏响应的调控。

这些结果表明,环状 RNA 可能在植物营养素稳态中发挥调节作用,并对作物的生长发育起到关键作用。

1.6.3.2 温度逆境

关于植物受到高温或低温胁迫的研究相对较多。0 ℃胁迫下,在番茄中鉴定得到 163 个差异表达环状 RNA,而且通过分析发现这些环状 RNA 的亲本基因大多与冷响应相关,如氧化还原反应、细胞壁降解、冷休克蛋白和热休克蛋白、茉莉酸和脱落酸代谢、低温响应反应蛋白以及低温诱导的转录因子等。此外,在番茄中还发现 102 个环状 RNA 可能作为 miRNA 海绵行使功能。在甜椒中也鉴定得到了响应冷胁迫的 36 个环状 RNA,研究者们建立了一个与甜椒冷害相关的 ceRNA 互作网络,这为进一步深入了解环状 RNA 对冷害的响应提供了基础。Gao 等人在冷胁迫下的葡萄叶片中鉴定出 475 个差异表达环状 RNA,为进一步探究环状 RNA 在植物冷胁迫响应中的作用,将甘油-3-磷酸酰基转移酶形成的环状 RNA 在拟南芥中过量表达,发现 *Vv-circATS*1 的过表达提高了拟南芥的耐寒性,而其亲本基因的线性 mRNA 却不能。这些结果表明,环状 RNA 和线性 RNA 在功能上存在差异,并且为如何提高植物对低温的耐受性提供了新的视角。

Pan 等人通过 RNA 测序和生物信息学分析发现了 1 583 个热胁迫特异性环状 RNA。与对照样品相比,热胁迫不仅增加了环状 RNA 的数量,还增加了环状 RNA 的长度、环化外显子的数量和可变剪接事件的发生次数。环状 RNA 可能通过吸附 miRNA 来调控许多参与热胁迫响应、过氧化氢和植物激素信号通路的基因表达。此研究表明,热胁迫对环状 RNA 的生物形成有很大影响,热诱导环状 RNA 可能通过介导 ceRNA 网络参与植物对热胁迫的响应。环状 RNA 对热胁迫下的植物种子萌发可能也存在调控作用。Zhou 等人在番茄种子中鉴定得到了 748 个高表达环状 RNA,其中有 73 个环状 RNA 在热胁迫条件下差异表达。此外,在黄瓜和萝卜中也发现了热胁迫下差异表达的环状 RNA,预测环状 RNA 可以通过吸附 miRNA,从而影响植物激素信号转导途径来响应热胁迫。

1.6.3.3 干旱胁迫

目前关于干旱响应的植物环状 RNA 的报道并不多,但也有研究表明环状 RNA 很有可能对植物的干旱胁迫响应起到调节作用。Wang 等人对干旱胁迫下的小麦叶片进行了高通量测序,共鉴定得到 62 个差异表达环状 RNA,其中 16 个被诱导表达,46 个表达水平被明显下调。通过预测发现,有 6 个环状 RNA 可以作为 miRNA 海绵,吸附并调节 26 个不同的小麦 miRNA。环状 RNA 的亲本基因主要与光合作用、氧化磷酸化以及植物激素信号转导有关,说明叶片中的环状 RNA 极有可能参与了小麦对于干旱胁迫响应的调控。之后,Wang 等人对梨树叶片中的环状 RNA 进行了高通量测序,共鉴定得到了 899 个环状 RNA,并发现干旱胁迫下有 33 个差异表达环状 RNA,其中 23 个表达量上升,10 个表达量下降。通过 GO 和 KEGG 通路来预测差异表达的环状 RNA 功能,结果表明,其中 11 个环状 RNA 的亲本基因涉及氧化还原反应,还有 1 个环状 RNA 的亲本基因与泛素相关,暗示这些基因可能参与了胁迫下的信号转导和蛋白质降解。共有 309 个环状 RNA 被预测具有 miRNA 结合位点,可能作为 miRNA 海绵来调控梨树对干旱胁迫的响应。

最近,Zhang 等人发现干旱胁迫下玉米与拟南芥中的环状 RNA 呈现明显的差异表达趋势,且两个物种中环状 RNA 的亲本基因同源性高达 40%。此外,编码钙依赖性蛋白激酶和细胞分裂素氧化酶/脱氢酶的干旱基因形成的环状 RNA 的表达水平与玉米幼苗的抗旱性显著相关。通过在拟南芥中超量表达 circGORK (guard cell outward-rectifying K$^+$-channel)发现,转基因株系的种子萌发对 ABA 超敏感,具有更高的抗旱性。

此外,有研究表明拟南芥在受到不同光强处理以及盐胁迫下,都发现了环状 RNA 不同程度的差异表达。虽然植物环状 RNA 在生长发育、逆境响应中的分子机制研究仍有许多空白,但通过前人的研究我们可以预测到它在植物响应逆境中的潜在价值。

1.7 本书研究的目的与意义

大豆起源于我国,它不仅是植物蛋白和优质食用油的主要来源,也是饲料和功能性食品的重要原料,因此大豆在我国乃至世界的粮食生产中占有极为重要的地位。大豆是喜水作物,整个生长周期对水分十分敏感,干旱会严重影响植株的形态发育,也会影响其正常的生理生化反应,对大豆的生长发育和产量及品质产生严重影响。近年来,随着工业的发展和人口增长以及气候变化,水资源逐渐趋于匮乏,我国很多地区干旱灾害频繁发生。除干旱外,由于我国盐碱地面积比较大,盐胁迫也对大豆生产造成很大影响。本书在非生物胁迫条件下,研究新型非编码环状 RNA,挖掘其下游干旱响应的 miRNA 和 mRNA,通过分析环状 RNA-miRNA-mRNA 调控途径的抗旱机制,探明调控干旱和盐胁迫的分子机制,这对于培育抗旱、耐盐大豆新品种,解决生产中面临的非生物胁迫难题具有重要的理论意义和实际应用价值。

1.8 技术路线

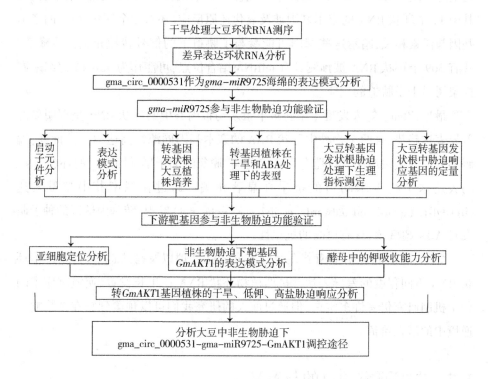

2 材料与方法

2.1 实验材料

2.1.1 植物材料

大豆：垦丰 16、东农 50。

拟南芥：哥伦比亚野生型（Columbia-0）；突变体 *akt*1 纯合株系由本实验室保存。

2.1.2 菌种及载体

大肠杆菌（*Escherichia coli*）Trans-T1。

农杆菌：根癌农杆菌（*Agrobacterium tumefaciens*）GV3101、发根农杆菌（*Agrobacterium rhizogenes*）K599。

酿酒酵母（*Saccharomyces cerevisiae*）菌株 R5421。

载体：克隆载体为 pGM-T 载体，酿酒酵母表达载体为 pYES2/NT 载体，pCAMBIA3300 植物表达载体和 pSAT6-EYFP 植物瞬时黄色荧光标签融合表达载体由本实验室保存。

2.1.3 主要试剂

（1）DNA 提取试剂（Plant DNA Isolation Reagent）、RNA 提取试剂（RNAiso

Plus)、cDNA 第一链合成试剂盒（PrimeScript™ Ⅱ 1st Strand cDNA Synthesis Kit）。

（2）环状 RNA 文库构建试剂盒（TruSeq Stranded mRNA Library Prep Kit）、RNase R、RNase A。

（3）TIANScript Ⅱ cDNA 第一链合成试剂盒、SuperReal 彩色荧光定量预混试剂盒、miRcute 增强型 miRNA cDNA 第一链合成试剂盒、miRcute 增强型 miRNA 荧光定量检测试剂盒。

（4）pGM-T 载体、EasyGeno 快速重组克隆试剂盒、In-Fusion HD Cloning Kit 试剂盒。

（5）DNA Marker、*Taq* DNA 聚合酶、SF 高保真 DNA 聚合酶、质粒提取试剂盒、胶回收试剂盒、限制性内切酶。

（6）Marathon cDNA Amplification Kit、5′ RACE 试剂盒、Advantage 2 PCR Enzyme。

（7）各生理指标试剂盒。

（8）大肠杆菌 Trans-T1 感受态细胞、GV3101 感受态细胞、K599 感受态细胞、R5421 感受态细胞。

2.1.4　主要数据库及生信分析工具

（1）大豆基因组数据库：Phytozome，https://phytozome-next.jgi.doe.gov/info/Gmax_Wm82_a2_v1。

（2）BWA-MEM：版本为 v0.7.12。

（3）EnsemblPlants：https://plants.ensembl.org/index.html。

（4）CIRI 软件：版本为 v1.2。

（5）DESeq2：版本为 v1.22.1，https://www.bioconductor.org/packages/release/bioc/html/DESeq2.html。

（6）R 软件：版本为 v3.1.1，http://www.r-project.org/。

（7）GeneOntology（GO）：http://www.geneontology.org/；Blast2GO：版本为 v3。

（8）Kyoto Encyclopedia of Genes and Genomes（KEGG）：http://www.

kegg. jp。

（9）miRNA 数据库：http://www. mirbase. org/。

（10）植物 miRNA 海绵及 miRNA 靶基因预测数据库：https://www. zhaolab. org/psRNATarget/。

（11）环状 RNA-miRNA-mRNA 网络互作图谱绘制软件：Cytoscape，版本为 v3. 6. 1。

（12）启动子分析网站：PlantCARE，http://bioinformatics. psb. ugent. be/webtools/plantcare/html。

（13）蛋白结构域预测数据库：http://www. ebi. ac. uk/interpro。

（14）引物设计软件：Primer Premier 5. 0。

（15）序列比对软件：DNAMAN。

（16）统计分析软件：SPSS，版本为 v20. 0；Graphpad Prism 6。

2.2 实验方法

2.2.1 大豆干旱响应环状 RNA 测序样品的准备

将耐旱性大豆品种垦丰 16 的种子种于蛭石中，培养于温度 25 ℃、16 h 光照/ 8 h 黑暗、相对湿度 70%的培养箱中。待大豆幼苗的第二阶段三出复叶完全展开时，将根部浸泡在添加 5%（m/V）PEG 6000 的 1/4 MS 液体培养基中进行模拟干旱处理，不添加 PEG 6000 的 1/4 MS 为对照组。分别在 0 h、6 h 和 12 h 对第二阶段三出复叶进行取样，每个时间点分别取 6 个生物重复。根据植物可溶性糖含量测试盒（比色法）、脯氨酸（Pro）测定试剂盒（比色法）和过氧化氢测定试剂盒（比色法）说明书，测定可溶性糖、脯氨酸和过氧化氢含量；利用总超氧化物歧化酶（T-SOD）测试盒（羟胺法）测定 SOD 活性，相对活性计算公式如下：

$$相对活性=处理组酶活性/对照组酶活性$$

为了尽量减少相同处理下不同平行样本之间的测量误差，从 6 个生物重复中随机选取 3 个合并为一个样本，共得到 5 份样本（CK 0 h，CK 6 h，PEG 6 h，

CK 12 h 和 PEG 12 h）用于后续的环状 RNA 测序与文库构建。

2.2.2 总 RNA 的提取与质控

（1）将 0.5 g 左右大豆叶片样品置于研钵中，加入液氮快速充分研磨至粉末状，转入 1.5 mL EP 管中，立即加入 1 mL RNAiso Plus，充分混匀，冰上静置 5 min。

（2）4 ℃，12 000 r/min，离心 5 min。

（3）将上清液小心吸出，移至新的 EP 管中。

（4）向上清液中加入 200 μL 氯仿，充分混匀后，静置 5 min。

（5）4 ℃，12 000 r/min，离心 15 min。

（6）小心将上清液转移至新的 EP 管中，加入等体积的异丙醇，充分混匀后，-20 ℃静置 15 min。

（7）4 ℃，12 000 r/min，离心 10 min。

（8）小心弃去上清液，加入 1 mL 的 75%DEPC-乙醇，轻柔颠倒洗涤沉淀。

（9）4 ℃，7 500 r/min，离心 5 min。

（10）小心弃去上清液，将 EP 管盖打开并于室温条件下干燥沉淀 3~5 min。

（11）加入适量 RNase-free 水对沉淀进行溶解。

（12）琼脂糖凝胶电泳检测 RNA 完整性后，利用 NanoDrop 仪器和 Agilent 2100 生物分析仪对 RNA 的纯度和完整性进行进一步测定。

2.2.3 大豆环状 RNA 的建库及测序

将上步提取的总 RNA 用 DNase Ⅰ进行 37 ℃消化提纯后，加入以下体系，37 ℃孵育 1 h 以除去总 RNA 中的线性 RNA。

试剂	体积
RNase R（20 U/μL）	2 μL
RNA	1 μL
10×Reaction Buffer	20 μL
RNase-free H$_2$O	177 μL

总体积　　　　　　　　　　　　　　200 μL

按照以下步骤对 RNA 进行提纯：

(1)向孵育后的反应液中加入 200 μL 氯仿,充分混匀后,冰上静置 3 min。

(2)4 ℃,12 000 r/min,离心 15 min。

(3)将上清液转移至新 EP 管,加入 200 μL 异丙醇充分混匀后,-20 ℃静置 20 min。

(4)4 ℃,10 000 r/min,离心 10 min。

(5)小心弃去上清液,加入 75% DEPC-乙醇轻柔洗涤沉淀。

(6)4 ℃,6 000 r/min,离心 5 min。

(7)小心去除上清液,静置 3~5 min 使沉淀干燥,加入适量 RNase-free 水进行溶解。

(8)琼脂糖凝胶电泳检测 RNA 完整性后,利用 NanoDrop 仪器和 Agilent 2100 生物分析仪对 RNA 的纯度和完整性进行进一步测定。

使用 TruSeq 标准 mRNA 文库构建试剂盒,按照说明书进行操作,制备环状 RNA 文库。按照说明书的指示,选择合适长度的片段,利用 Illumina HiSeq 测序仪进行扩增并测序。

2.2.4　大豆环状 RNA 的鉴定

利用 BWA-MEM 算法将高质量的 clean reads 与大豆参考基因组/转录组 (Phytozome Glycine max Wm82. a2. v1) 进行比对。从 EnsemblPlants 中获得大豆基因组序列和基因注释。利用 CIRI 软件对序列比对图 (sequence alignment map, SAM) 文件进行两次扫描,从而识别环状 RNA。BWA-MEM 比对使用 CIRI 推荐的默认命令行参数执行。具体操作步骤参考 Wang 等人的研究。

2.2.5　差异表达环状 RNA 的筛选

利用 DESeq2 对处理组与对照组进行分析,获得|差异倍数|≥1.5 和 $p<0.05$ 的差异表达环状 RNA。利用 R 软件和系统聚类法对差异表达环状 RNA 进行层次聚类分析。

2.2.6 大豆环状 RNA 的反向剪接位点验证

2.2.6.1 基因组 DNA 的获得

(1)将 100 mg 样本置于 1.5 mL EP 管中,利用移液管尖端对样本进行物理破碎。

(2)加入 400 μL 提取液 1,剧烈振荡 5 s。

(3)轻微离心,加入 80 μL 的提取液 2,剧烈振荡 5 s。

(4)轻微离心,加入 150 μL 的提取液 3,剧烈振荡 5 s。

(5)瞬时轻微离心,50 ℃水浴 15 min。

(6)4 ℃,12 000 r/min,离心 15 min。

(7)将上清液转移至新的 EP 管中,加入等体积的异丙醇,轻柔颠倒混匀。

(8)4 ℃,12 000 r/min,离心 10 min。

(9)弃上清液,加入 1 mL 70% 的乙醇,洗涤沉淀。

(10)4 ℃,12 000 r/min,离心 3 min。

(11)弃上清液,打开 EP 管盖,静置 15 min 使沉淀干燥。

(12)沉淀完全干燥后,加入适量 TE Buffer 溶解沉淀。

(13)为除去 DNA 中的 RNA,在得到的 DNA 中加入 5 μL RNase A,充分混匀后,37 ℃孵育 2 h。

(14)重复步骤(7)~(12)。将纯化后的基因组 DNA(genomic DNA,gDNA)进行电泳检测,存放于-20 ℃以待后续 PCR 检测。

2.2.6.2 线性 RNA 和环状 RNA 的获得

线性 RNA 提取方法详见 2.2.2,继续按照 2.2.3 操作得到去除线性 RNA 的环状 RNA。

2.2.6.3 cDNA 第一链的合成

(1)按照以下体系,合成 cDNA 第一链。

试剂	体积
Random 6 mers（50 μmol/L）	
Oligo dT Primer（50 μmol/L）	1 μL
dNTPs Mixture（10 mmol/L）	1 μL
RNA	8 μL
总体积	10 μL

（2）混匀。65 ℃，反应 5 min，使随机引物结合在环状 RNA 上，oligo（dT）结合在线性 RNA 上。冰上迅速冷却，继续加入以下体系。

试剂	体积
上一步反应液	10.0 μL
5×PrimeScript Ⅱ Buffer	4.0 μL
RNase Inhibitor（40 U/μL）	0.5 μL
PrimeScript Ⅱ RTase（200 U/μL）	1.0 μL
RNase-free H$_2$O	4.5 μL
总体积	20.0 μL

（3）缓慢混匀。

（4）按照以下反应进行反转录。

30 ℃　　　　　　　　　　　10 min

　　　　［使用 Random 6 mers 时执行此步骤，oligo（dT）直接执行下一步］

42 ℃　　　　　　　　　　　45 min

95 ℃　　　　　　　　　　　5 min

（5）冰上冷却后，将 cDNA 产物稀释 5 倍，置于−20 ℃备用。

2.2.6.4　琼脂糖凝胶电泳及 Sanger 测序

（1）我们针对 42 个大豆环状 RNA 的反向剪接位点设计发散引物（表 2-1）进行 PCR 扩增后，进行 Sanger 测序验证。

表 2-1　环状 RNA 反向剪接位点验证引物

环状 RNA 的 ID	引物 (5′—3′)	扩增长度/bp
gma_circ_0000474-F	CAGATAACCCAATACTCGTCAA	226
gma_circ_0000474-R	CAGGTGTGCTTGTATTCCCA	
gma_circ_0000202-F	CTTGTCTGGACATAACCAAGTCTGAAC	147
gma_circ_0000202-R	TTGAAGAGTCGACTGGGGCC	
gma_circ_0000298-F	ACTCCTATACTGTCTACAGCACCCTCC	234
gma_circ_0000298-R	GCTGTTGGTTCAACTAGGAAACAATG	
gma_circ_0000939-F	CCCACACATGCTGCTCCCC	231
gma_circ_0000939-R	GGGCAGGTTCAGATGGAAGACC	
gma_circ_0000127-F	GCATGCAAGTTGCTCTCAGAT	226
gma_circ_0000127-R	GAATCTGCTGCTGAGTTTTATCC	
gma_circ_0000017-F	TCCATCAGTTACAAGATTTCCACCAC	112
gma_circ_0000017-R	CCCTACGACAAATCAAGGCAGC	
gma_circ_0000284-F	GGAAGTCGCTTGCGGTGGAT	130
gma_circ_0000284-R	GCAACGAGACAGATGATGATGTCTG	
gma_circ_0000134-F	TGCCAATCTGTTCACGGAGG	227
gma_circ_0000134-R	GCCATCTCATCCGCTTCTAATG	
gma_circ_0000287-F	CCACTTTTTCAGCAGCTGTCGC	225
gma_circ_0000287-R	CCCATCATCAGAAGCCTCAGACAG	
gma_circ_0000495-F	CCCAGGCCTGTATCCATGTG	232
gma_circ_0000495-R	ACATTGGAAGATGGGCTGGTC	
gma_circ_0000778-F	TCACAAGGTTAGGGTGATCTGCC	253
gma_circ_0000778-R	GGGTATTGCGCCCCAGATTAT	
gma_circ_0001176-F	ATCCAACCCCACAGGCTCCTC	192
gma_circ_0001176-R	GCTGATGACCGGAGTTCCGTG	
gma_circ_0001214-F	GGGCGCAAATCCTGCCC	291
gma_circ_0001214-R	GTCCGTCCAAACTGGAAGTGGAG	
gma_circ_0000042-F	CTTCCCACTTTCCGAGCCG	233
gma_circ_0000042-R	GGGCCAGGGGGAACTGG	
gma_circ_0000095-F	CTAAGTCCATGACCTTATTAACCTCCTC	119
gma_circ_0000095-R	GGATTCTGGGAGAGGGAAAGTTC	

续表

环状 RNA 的 ID	引物（5′—3′）	扩增长度/bp
gma_circ_0000148-F	ATGCGCTTCATAACGACCAGTC	92
gma_circ_0000148-R	CTTTGGGATAAGAGTACGTGGAACC	
gma_circ_0000176-F	TTGGGATTGGGCTCCTCAGAG	82
gma_circ_0000176-R	AAAGGAAGAAAGCACACTCCCG	
gma_circ_0000302-F	CAACCGTCACAGGACAGTAAATAGC	109
gma_circ_0000302-R	CTTGGGCTGGAGCAGCATTC	
gma_circ_0000455-F	GCATCCTTGCTCCACTTCTTCTC	103
gma_circ_0000455-R	CGAGGTTGTCTCCGGAAGTGG	
gma_circ_0000531-F	GGGTGTCATCCCATACTGCTTTTG	100
gma_circ_0000531-R	GGAAGAGACAGAAACAAGCACGAG	
gma_circ_0000704-F	ACTTATTCTGCACATCACCCGTTG	205
gma_circ_0000704-R	GACTCTTCAAGAGATCCTGGACGAG	
gma_circ_0000726-F	CGCATACAGTACAAGCGACGC	118
gma_circ_0000726-R	CTAAGCGAAGTCAAGCACCTCATC	
gma_circ_0001012-F	GCCAATGCTTCAGGAGGCAAC	76
gma_circ_0001012-R	CAGGACCTCTGATTCTTCTGTCTCAAC	
gma_circ_0001013-F	CCCTCTGTATTCTTCAAGTATGGCG	128
gma_circ_0001013-R	GAAGTGGAATTGGGTCACATAAATG	
gma_circ_0001213-F	TCTTAGACCCTTAAAACACGCGC	85
gma_circ_0001213-R	ATTGAGCGTCCTGACCCACG	
gma_circ_0000065-F	ATCCATGGTTGGATCAGGCAC	219
gma_circ_0000065-R	GTCTTTGTTTGCAAGATTTTGATGC	
gma_circ_0000221-F	CCAGAGCAAGAACACGAGACCC	165
gma_circ_0000221-R	GTCCCATAAGATCAGATTCAGCCAC	
gma_circ_0000408-F	ACTGGATTCCACCATCAGCTAGC	131
gma_circ_0000408-R	TCTTCTGACAGCTATGCCTCAACTTAT	
gma_circ_0000415-F	GCTAGAGGACTCATGATCTCAGGTGG	168
gma_circ_0000415-R	GGTTCTTCTCTTCCCTGCCATG	
gma_circ_0000473-F	ATCTGCCTGATCACTGCTGCC	149
gma_circ_0000473-R	AACCTGTCTTTCCACGACCTCAC	

续表

环状 RNA 的 ID	引物（5′—3′）	扩增长度/bp
gma_circ_0000475-F	GACGAGCATCATAACGAATT	227
gma_circ_0000475-R	AGGGACATAAGGCAGGGAA	
gma_circ_0000542-F	CATCACCAAGGCCAGAAGATGAAC	92
gma_circ_0000542-R	CCGCGTTAACCACGACATCAT	
gma_circ_0000580-F	GCATTCCCTCTCCAATTCCATC	102
gma_circ_0000580-R	TCAAACGCATCTCCGAACACTTC	
gma_circ_0000673-F	AACAGCCAAATCCTTCTCCAAGAC	117
gma_circ_0000673-R	GCCTGTTCTGATTTGGAGAAAATACG	
gma_circ_0000674-F	AAACAGCCAAATCCTTCTCCAAGAC	105
gma_circ_0000674-R	GCTTCGAGCTTCTGCGAAATG	
gma_circ_0000724-F	CGTTTCTCAGAGATAGCATTGCCC	208
gma_circ_0000724-R	GATCTGGCATCAACTGGAGGTTC	
gma_circ_0000748-F	AACCAATGATTCTGGAAAAGGTCC	171
gma_circ_0000748-R	CCAGCTCTTTTCCGTATTGTCCAG	
gma_circ_0000879-F	GGATTGCAGCAACGATCTGC	105
gma_circ_0000879-R	CCACCGCAGATTCTGCAAGG	
gma_circ_0001063-F	GGATTGCTGGTTAGTAGCATTAGTCAC	108
gma_circ_0001063-R	TCCAAAATGCCACCCCTTGT	
gma_circ_0001071-F	GCTTCTCGGAGTCCTCGAGAGG	131
gma_circ_0001071-R	CTTCTTCAGCAATGTCTGTGAGCTC	
gma_circ_0001186-F	GTTGCTGCTCGTTGCCAATC	224
gma_circ_0001186-R	GAAGCACTTGGGCAGATGGTAG	
gma_circ_0001239-F	GTTGGGGAGCCTTCTGTTGGT	184
gma_circ_0001239-R	CCCTTCGAAAGGATCTTAAAGAGC	

表 2-2 为电泳检测涉及的引物。

表 2-2 电泳检测环状 RNA 引物

引物类型	引物名称	引物序列（5′—3′）	扩增长度/bp
发散引物	gma_circ_0000095-F	GCCTCACATCCAAGCTTGTTCAC	224
	gma_circ_0000095-R	CCCCAGATCTTACAACCTCCATAAC	
	gma_circ_0000287-F	CCAGAGCCCCAAGAGAGAGG	154
	gma_circ_0000287-R	GCCATCAGATGATGATGTCCC	
	gma_circ_0000298-F	GGTAGATTTGATAGACATTCCTGAGTCTG	231
	gma_circ_0000298-R	CCAGGGCTAAGAATAGGCTCATC	
	gma_circ_0000302-F	CTAGCAAGTCATGAGTAGGCTGTG	182
	gma_circ_0000302-R	GGAGCCCCTGTCTGAACTCC	
	gma_circ_0000531-F	CAAGAGGGAACAAAAGCAGTATGG	116
	gma_circ_0000531-R	TCCTTGACTCGATATTGACCTGC	
cDNA 收敛引物	gma_circ_0000095-F	AATAGCAAAGCCAGCCAAAG	95
	gma_circ_0000095-R	CTCCCAGAATCCTTACACCTTC	
	gma_circ_0000287-F	AATTGTTGAGGGAGAAGAGTGAACTC	172
	gma_circ_0000287-R	GCTGGATTCTTGTCGTATTTCTCC	
	gma_circ_0000298-F	GAAGGAAGGGAGGGTGCTGTAGAC	191
	gma_circ_0000298-R	GTTCCAGGGCTAAGAATAGGCTCAT	
	gma_circ_0000302-F	CAAATTTGTTAGATTTCGGGATTGGAG	585
	gma_circ_0000302-R	GCCACCTGTGGGAGGGG	
	gma_circ_0000531-F	GTCTCTATTGGATTTGACAAGGAGC	126
	gma_circ_0000531-R	CTCGATATTGACCTGCAAAGCAG	
gDNA 收敛引物	gma_circ_0000095-F	CGTGCTGAGCTTCTTCACAAGG	123
	gma_circ_0000095-R	CACAATATGCACCTCCATAACAGC	
	gma_circ_0000287-F	CAAACACTCTCTATTATGGGAAGC	293
	gma_circ_0000287-R	TAAGGTGTAGTGTGATGACTAACTCG	
	gma_circ_0000298-F	TCCCTTGCTGATTACACACACAC	238
	gma_circ_0000298-R	CTTCTTCAGACCTTCGGCAACTTTC	
	gma_circ_0000302-F	ACTTTCCGTGATGGTATTGTGG	233
	gma_circ_0000302-R	AGCAAGGGCAACAACACTATG	
	gma_circ_0000531-F	GGTCCACAAGTAATATCCTTTCTCC	225
	gma_circ_0000531-R	CCTCTATCATAATTGGTCCCTGAC	

（2）PCR 体系与反应。

按照以下体系进行 PCR 反应。

试剂	体积
5×SF Buffer	4.0 μL
dNTPs Mixture（10 mmol/L）	0.4 μL
gDNA/cDNA	0.3 μL
上游引物（10 μmol/L）	0.8 μL
下游引物（10 μmol/L））	0.8 μL
SF 高保真 DNA 聚合酶（1 U/μL）	0.4 μL
去离子水	13.3 μL
总体积	20.0 μL

按照以下程序设置 PCR 反应。

程序（温度）	时间	
预变性（95 ℃）	5 min	
变性（95 ℃）	30 s	
退火（54~60 ℃）	30 s	35 个循环
延伸（72 ℃）	20 s	
终延伸（72 ℃）	10 min	
终止反应（4 ℃）	∞	

（3）对环状 RNA 的 PCR 产物进行胶回收。

用 SF 高保真 DNA 聚合酶反应得到的 PCR 产物作为平末端，要向产物中加入 *Taq* DNA 聚合酶，充分混合后，72 ℃延伸 15 min。将最终产物进行琼脂糖凝胶电泳检测，将目的条带切胶回收。胶回收详细操作步骤参考胶回收试剂盒说明书。

（4）pGM-T 载体连接。

按照以下体系将胶回收产物与 pGM-T 载体进行连接。

试剂	体积
2×T4 DNA Rapid Ligation Buffer	5 μL

pGM-T（50 ng/μL）	1 μL
目的片段	3 μL
T4 DNA 连接酶（3 U/μL）	1 μL
总体积	10 μL

充分混匀后,短暂离心,22 ℃反应 5 min。

（5）大肠杆菌转化。

①将环状 RNA 的 T 载体连接产物转入大肠杆菌感受态细胞,详细操作步骤参考 Trans-T1 感受态细胞说明书。

②挑取单克隆菌落于含有 50 mg/L 氨苄青霉素（Amp）的 LB 液体培养基中,37 ℃,200 r/min 振荡培养,待菌液混浊后,在无菌环境下吸取菌液,按照以下体系进行 PCR 反应液混合。

试剂	体积
菌液	2.0 μL
上游引物（10 μmol/L）	0.4 μL
下游引物（10 μmol/L）	0.4 μL
10×*EasyTaq* Buffer	2.0 μL
2.5 mmol/L dNTP	1.6 μL
EasyTaq DNA 聚合酶	0.4 μL
去离子水	13.2 μL
总体积	20.0 μL

③按照以下程序进行 PCR 反应。

程序（温度）	时间	
预变性（94 ℃）	5 min	
变性（94 ℃）	30 s	
退火（54~60 ℃）	30 s	35 个循环
延伸（72 ℃）	30 s	
终延伸（72 ℃）	10 min	
终止反应（4 ℃）	∞	

④将阳性菌液进行 Sanger 测序,利用 DNAMAN 软件对测序结果和目的片段进行比对,用 Chromas 软件生成带有环状 RNA 反向剪接位点的波峰图。

2.2.7 大豆环状 RNA 亲本基因的功能注释

通过 GO 注释和 KEGG 通路富集分析,对大豆干旱相关环状 RNA 的亲本基因功能进行功能注释。本书研究基于 Wallenius 非中心超几何分布,并利用 GOseq R 程序对环状 RNA 亲本基因进行 GO 富集分析;基于 GO 注释,利用 Blast2GO 软件和 KEGG 通路富集分析,对环状 RNA 亲本基因进行比对和功能分类。最后,通过 Phytozome 大豆数据库对亲本基因的功能进行预测。

2.2.8 大豆环状 RNA 编码能力的生物信息学预测

利用在线网站(http://iresite.org/)预测大豆环状 RNA 包含的 IRES 元件($E < 0.05$)。使用 ORFfinder(https://www.ncbi.nlm.nih.gov/orffinder/)预测包含 IRES 元件的大豆环状 RNA 的 ORF,并选择跨环状 RNA 中最长的 ORF 进行进一步分析。利用在线网站(https://www.ncbi.nlm.nih.gov/Structure/cdd/wrpsb.cgi)查找具有编码蛋白质潜力的大豆环状 RNA 中的保守结构域,对其可能编码的产物进行预测。

2.2.9 大豆环状 RNA 充当 miRNA 海绵的预测与分析

我们利用 psRobot(v1.2)软件和 psRNATarget 网站分析,并与 miRBase 21.0 数据库比对后,预测大豆环状 RNA 可能吸附的 miRNA 的结合位点,并利用 psRNATarget 网站对 miRNA 可能裂解的靶基因进行预测。使用 Cytoscape (v3.6.1)软件对预测的环状 RNA-miRNA-mRNA 互作网络图进行绘制。

2.2.10 环状 RNA-miRNA-mRNA 网络的实时荧光定量 PCR 鉴定

2.2.10.1 实验引物

对环状 RNA 的亲本基因、环状 RNA、环状 RNA 吸附的 miRNA 以及 miRNA

的靶基因在干旱胁迫 0 h、6 h 和 12 h 三个时间点的相对表达量进行分析。所涉及的引物如表 2-3 所示。

表 2-3　实时荧光定量 PCR 引物

引物名称	引物序列（5′—3′）	扩增长度/bp
Glyma. 06G126000-qRT-F	GACATTGCACCAACTACTTGTT	179
Glyma. 06G126000-qRT-R	GCTCCAATATTTCTTGTCGACC	
Glyma. 09G091700-qRT-F	CAGAGTGGACAGAAAGTGAGAT	106
Glyma. 09G091700-qRT-R	AATTCCCCTGTCTGATAAGTCG	
Glyma. 02G202500-qRT-F	AACGTATGAGTTCAACATTGCC	90
Glyma. 02G202500-qRT-R	GAAGTAGCTACGTGACAGATCA	
Glyma. 06G126600-qRT-F	TTCATTTCAATTGCTGGTCTGG	178
Glyma. 06G126600-qRT-R	GCTCATGTCGTCTGATTCTTTC	
Glyma. 05G007100-qRT-F	CCTTTGTTTGGCTTTCGTTTTC	143
Glyma. 05G007100-qRT-R	GAAGAGGTTGACATTGTGCAAT	
gma_circ_0000298-qRT-F	GATTTGATAGACATTCCTGAGTCTGT	149
gma_circ_0000298-qRT-R	GGTTTCCCATATTCCTCATTTGG	
gma_circ_0000531-qRT-F	CAAGAGGGAACAAAAGCAGTATGG	116
gma_circ_0000531-qRT-R	TCCTTGACTCGATATTGACCTGC	
gma_circ_0000095-qRT-F	GCCTCACATCCAAGCTTGTTCAC	224
gma_circ_0000095-qRT-R	CCCCAGATCTTACAACCTCCATAAC	
gma_circ_0000302-qRT-F	CTAGCAAGTCATGAGTAGGCTGTG	182
gma_circ_0000302-qRT-R	GGAGCCCCTGTCTGAACTCC	
gma_circ_0000287-qRT-F	CCAGAGCCCCAAGAGAGAGG	154
gma_circ_0000287-qRT-R	GCCATCAGATGATGATGTCCC	
gma-miR396a-5p-qRT-F	CCCCTTCCACAGCTTTCTTGAACTG	
gma-miR9725-qRT-F	GCGCTTAATTTTTTTGGATCAGCAT	
gma-miR5678-qRT-F	CCCCCTTCCATGATAAGATCTTTGAC	
gma-miR4347-qRT-F	GGGAAGCTTCTTACGGATCAAGTTGAT	
Glyma. 17G111800-qRT-F	CCCGTTGTTTCTTTAATGTGCT	162
Glyma. 17G111800-qRT-R	TTTTGTTAGGTGCATGAATCCG	

续表

引物名称	引物序列 (5′—3′)	扩增长度/bp
Glyma. 08G137100-qRT-F	ACTAGAATGAACCCCGAACAAT	140
Glyma. 08G137100-qRT-R	GCACTTTTGTTGCTCCTATAGG	
Glyma. 17G118300-qRT-F	GTGCGGCCAAGACGAGA	143
Glyma. 17G118300-qRT-R	TGTAACGGCGGTCATAGGG	
Glyma. 07G211500-qRT-F	GTTGGGAGTTGACAGAGTCATA	125
Glyma. 07G211500-qRT-R	AGCACAAGTTTAACATGTCACC	
Glyma. 09G146100-qRT-F	GGGCGCACAAGTCCCAAGATC	260
Glyma. 09G146100-qRT-R	GCTGTTGTTGCAAGTGCGCT	
Glyma. 12G241700-qRT-F	CGATTGAGTCTGCGTTGTTAAA	93
Glyma. 12G241700-qRT-R	GCAAAACATCGAAAGTCTGCTA	
Glyma. 07G113200-qRT-F	TCAATTGTTTGGAAACGGAAGG	85
Glyma. 07G113200-qRT-R	CCAAAGTAAGAGACACTGCA	
Glyma. 20G160900-qRT-F	CACCAACGCTTATTATCCCAAG	187
Glyma. 20G160900-qRT-R	AGAAGACAGAAGAGTCAACAGG	
GmActin4-qRT-F	GTGTCAGCCATACTGTCCCCATTT	214
GmActin4-qRT-R	GTTTCAAGCTCTTGCTCGTAATCA	

2.2.10.2　环状 RNA 和线性 mRNA 的实时荧光定量 PCR

按照 2.2.6.3 步骤得到环状 RNA 和 mRNA 的 cDNA,使用 SuperReal 彩色荧光定量预混试剂盒,并按照以下体系在避光条件下加入实时荧光定量 PCR 反应液。

试剂	体积
2×SuperReal Color PreMix	10.0 μL
上游引物 (10 μmol/L)	0.6 μL
下游引物 (10 μmol/L)	0.6 μL
cDNA 模板	1.0 μL
50×ROX Reference Dye	0.4 μL
RNase-free ddH$_2$O	7.4 μL

总体积	20.0 μL

快速离心后,使用 ABI 7500 Fast 荧光定量 PCR 仪,并按照以下程序进行反应。每个反应进行三次生物学重复与技术重复。

程序(温度)	时间	
预变性 (95 ℃)	15 min	
变性 (95 ℃)	10 s	40 个循环
退火,延伸 (60 ℃)	32 s	

2.2.10.3 miRNA 的实时荧光定量 PCR

(1)按照 2.2.2 的步骤提取大豆叶片 RNA,使用 miRcute 增强型 miRNA cDNA 第一链合成试剂盒,并按照以下体系加入反应液。

试剂	用量
2×miRNA RT Reaction Buffer	10 μL
miRNA RT Enzyme Mix	2 μL
RNA	2 μL
Nuclease-free ddH$_2$O	6 μL
总体积	20 μL

(2)轻轻混匀后,42 ℃反应 60 min,使 miRNA 进行加 A 尾反应和逆转录反应,之后 95 ℃反应 3 min,使酶失活。将得到的 miRNA 第一链 cDNA 稀释 10 倍后,进行下一步实验。

(3)使用 miRcute 增强型 miRNA 荧光定量检测试剂盒,并按照以下体系加入实时荧光定量 PCR 反应液。

试剂	用量
2×miRcute Plus miRNA PreMix (SYBR&ROX)	10.0 μL
上游 miRNA 特异性引物	0.4 μL
下游引物 (试剂盒提供)	0.4 μL
miRNA 第一链 cDNA	2.0 μL
Nuclease-free ddH$_2$O	7.2 μL

总体积	20.0 μL

(4) 快速离心后,使用 ABI 7500 Fast 荧光定量 PCR 仪,并按照以下程序进行反应。每个反应进行三次生物学重复与技术重复。

程序(温度)	时间	
预变性 (95 ℃)	15 min	
变性 (94 ℃)	20 s	
退火,延伸 (60 ℃)	34 s	45 个循环

2.2.11　*gma-miR9725* 参与非生物胁迫的功能分析

2.2.11.1　*gma-miR9725* 的表达模式分析

将东农 50 大豆种子种于蛭石中,并于培养箱中培养,待第一片三出复叶完全展开时,取长势一致的大豆幼苗进行以下处理。

(1) 干旱胁迫处理:将大豆根部浸泡于含有 5% (m/V) PEG 6000 的 1/4 MS 溶液中,进行处理。

(2) ABA 处理:将大豆根部浸泡于含有 100 μmol/L) ABA 的 1/4 MS 溶液中,进行处理。

对照组为正常的 1/4 MS 溶液浸泡大豆根部处理,在 0 h、1 h、3 h、6 h、12 h、24 h、36 h 和 48 h 时,对处理组与对照组进行取样,液氮速冻后置于 -80 ℃ 保存。

2.2.11.2　*gma-miR9725* 的植物过表达载体构建

(1) 按照 2.2.6.1 步骤操作,得到 DNA 模板,按照 *gma-miR9725* 前体序列并在两端加上酶切位点,设计特异性引物进行克隆。特异性引物如下:

引物名称	引物序列 (5′—3′)
gma-miR9725-F	TCTAGAGTCAAATAGTCTATTACCTTAA
gma-miR9725-R	GAGCTCATCAAATAGCCTATTGCGTAAA

PCR 体系及程序详见 2.2.6.4 中步骤 (2)。退火 54 ℃,延伸 30 s,35

个循环。

(2)按照 2.2.6.4 中步骤（3）~（5），对 *gma-miR*9725 的克隆片段进行加 A、胶回收、连接 pGM-T 载体、转化，送测序，得到 gma-miR9725-pGM-T 的阳性菌液。

(3)根据质粒提取试剂盒说明书指示，提取含 gma-miR9725-pGM-T 和 pCAMBIA3300 空载体的大肠杆菌质粒。

(4)按照以下酶切体系对 gma-miR9725-pGM-T 和 pCAMBIA3300 空载体进行双酶切。

试剂组分	体积
Xba I	5 μL
Sac I	10 μL
10×Buffer Tango	10 μL
gma-miR9725-pGM-T 或 pCAMBIA3300 空载体	50 μL
ddH$_2$O	25 μL
总体积	100 μL

充分混匀后，37 ℃孵育 2 h。之后对 *gma-miR*9725 目的片段和 pCAMBIA3300 空载体的双酶切产物进行胶回收。

(5)将 *gma-miR*9725 目的片段和 pCAMBIA3300 片段进行 T4 连接，按照以下体系混合反应液。

T4 DNA 连接酶	1 μL
10×T4 DNA Ligation Buffer	1 μL
目的片段	5 μL
pCAMBIA3300 片段	1 μL
ddH$_2$O	2 μL
总体积	10 μL

混匀后，22 ℃反应 2 h，随后 16 ℃过夜连接。

(6)按照说明书指示，将连接产物转入 Trans-T1 大肠杆菌感受态细胞中，最后涂布于含有 50 mg/L 卡那霉素（Kana）的 LB 固体培养基上，通过菌液 PCR 和测序得到含有 gma-miR9725-pCAMBIA3300 过表达载体的阳性菌液。

(7)将阳性菌液加入具有 Kana 抗性的 LB 液体培养基中,200 r/min 下 37 ℃振荡培养 8 h 后,按照说明书进行质粒提取。将质粒分别转入发根农杆菌 K599 感受态细胞中,具体操作步骤详见说明书。通过菌液 PCR 得到阳性菌种,保存于终浓度 15% 的甘油中,置于−80 ℃保存。

2.2.11.3　发根农杆菌介导的大豆发状根复合植株的获得

(1)大豆幼苗的培养:将成熟饱满的东农 50 大豆种子种于蛭石中,在 25 ℃、16 h 光照/ 8 h 黑暗、相对湿度 70% 的条件下进行培养。当幼苗从蛭石表面长出时,进行发根农杆菌注射。

(2)菌液的制备:吸取含有 pCAMBIA3300 空载体和 gma-miR9725-pCAMBIA3300 的 K599 感受态细胞各 50 μL,分别加到 50 mL 含有 50 mg/L 链霉素(Str)和 50 mg/L Kana 的液体 YT 培养基中,28 ℃下 220 r/min 过夜振荡培养 12~15 h。取 1 mL 菌液接种于 100 mL 含 50 mg/L Kana 的液体 YT 培养基中二次活化,待菌液 OD_{600} 达到 0.8~1.0 时,4 000 r/min 离心 10 min,去除上清液,再用灭菌蒸馏水重悬沉淀,4 000 r/min 低速离心 10 min,去除上清液,蒸馏水再次重悬沉淀备用,侵染菌液 $OD_{600} = 0.7$~0.8。

(3)接种:当种子萌发露出蛭石表面时(大约播种后 3 d),剪掉根部,并用 1 mL 注射器吸取上述重悬液,在子叶节处用针头小心刺入,将菌液轻推进伤口内。然后将幼苗浸泡在重悬液中,30 min 后用滤纸将菌液吸干,将接种后的幼苗重新置于蛭石中。为了保持较高的湿度,幼苗注射后在花盆上覆盖透明塑料膜,然后在 25 ℃、16 h 光照/ 8 h 黑暗、相对湿度 70% 的培养箱中进行培养。当发状根长 2~5 cm 时,去除主根,将含有转基因根的大豆复合植株移到土中,在培养箱中继续培养。

2.2.11.4　转基因大豆发状根复合植株的鉴定

首先利用 *bar* 快速检测试纸条对大豆发状根进行检测,提取对照组和转基因组的具有阳性条带的大豆发状根的 DNA,进行进一步的 PCR 鉴定。

利用标记基因 *bar* 特异性引物和 pCAMBIA3300 特异性上游引物、*gma-miR9725* 前体特异性下游引物进行 PCR 鉴定,引物序列如下:

引物名称	引物序列（5′—3′）
bar-F	GCGGTACCGGCAGGCTGAAG
bar-R	CCGCAGGAACCGCAGGAGTG
gma-miR9725 HR-F	CAACATGGTGGAGCACGACAC
gma-miR9725 HR-R	GCCTATTGCGTAAATTTCTTTGG

PCR 体系如下：

试剂	体积
DNA	2.0 μL
上游引物（10 μmol/L）	0.4 μL
下游引物（10 μmol/L）	0.4 μL
10×*EasyTaq* Buffer	2.0 μL
2.5 mmol/L dNTP	1.6 μL
EasyTaq DNA 聚合酶	0.4 μL
去离子水	13.2 μL
总体积	20.0 μL

按照以下程序进行 PCR 反应。

程序（温度）	时间	
预变性（94 ℃）	5 min	
变性（94 ℃）	30 s	
退火（58 ℃）	30 s	35 个循环
延伸（72 ℃）	30 s	
终延伸（72 ℃）	10 min	
终止反应（4 ℃）	∞	

最后,对 gma-miR9725-pCAMBIA3300 过表达复合植株的发状根与叶片中 *gma-miR*9725 的相对表达量进行分析。

2.2.11.5　转基因大豆发状根复合植株的胁迫处理

(1)干旱处理:待复合植株第一片三出复叶完全展开时,停止浇水,自然干旱处理 7 d,之后复水恢复 3 d。对照与转基因大豆发状根复合植株各处理 20

棵苗。

（2）ABA 处理：待大豆发状根复合植株第一片三出复叶完全展开时，将大豆幼苗清洗干净后，根部浸泡在 100 μmol/L ABA 的 1/4 MS 溶液中，对照组为正常 1/4 MS 溶液，每天更换溶液，并对叶片进行 ABA 喷施，共处理 7 d。对照组与转基因大豆发状根复合植株各处理 20 棵苗。

2.2.11.6　相关指标的测定

对转基因大豆发状根复合植株进行处理后，观察表型，统计存活率，并对相关指标进行统计。

（1）干重：将复合植株清洗干净后装入纸质信封中，在恒温鼓风干燥箱中 80 ℃干燥至恒定质量，记录干重。

（2）相对生长速率（relative growth rate，RGR）：计算公式如下所示。

$$RGR = [\ln(处理后干重) - \ln(处理前干重)]/处理天数$$

（3）生理指标测定：根据上文 2.2.1 所述，测定发状根可溶性糖、脯氨酸和过氧化氢含量，并计算 SOD 相对活性。

（4）相关基因的实时荧光定量 PCR：对干旱处理后的叶片和发状根进行取样，提取 RNA，对胁迫响应基因进行实时荧光定量 PCR 分析，RNA 提取与实时荧光定量 PCR 分析的具体操作步骤详见 2.2.2 和 2.2.10.2，表 2-4 为相关引物序列。

表 2-4　实时荧光定量 PCR 引物

引物名称	引物序列（5′—3′）	扩增长度/bp
GmERD1-qRT-F	CGTCCAGAATTGCTCAACAG	184
GmERD1-qRT-R	TGGGGTTATAGCCTTGTTGG	
GmP5CS-qRT-F	TTGCTAAAAATAGCTGATGCCC	209
GmP5CS-qRT-R	GTTCGTTTTAACACTCGACCAA	
GmRD20-qRT-F	GTGGCACATGACTGAAGGAA	195
GmRD20-qRT-R	ATCTTTCCAGCAGCACCTCT	
GmRD22-qRT-F	AATGCCGAAAGCCATTACAG	110
GmRD22-qRT-R	GCTTTGTTTTCCCTGCGTTA	

续表

引物名称	引物序列（5′—3′）	扩增长度/bp
GmABI3-qRT-F	ATGTCCACGTTAAGGTCTTGAT	199
GmABI3-qRT-R	AAGCATCATTGACACCTAGGAA	
GmABI5-qRT-F	CAAAACTCCATGATGCAAAAGC	96
GmABI5-qRT-R	GCAATTGTGTTACTGTTCCCTT	

2.2.12 5′RACE 验证 *gma-miR9725* 介导的靶基因精确裂解位点

根据 *gma-miR9725* 与靶基因的互补区位置,设计巢式 PCR 引物,5′RACE 所需引物序列如下:

引物名称	引物序列（5′—3′）
Adaptor Primer 1	CCATCCTAATACGACTCACTATAGGGC
Adaptor Primer 2	CATCAACTGACCCGCAAGG
Glyma.17G118300-outer primer	TAGCCTCCCATAGTGGCACATTACCTTC
Glyma.17G118300-inner primer	CACCAGTGACCAGTATATAAAGTC
Glyma.07G211500-outer primer	TTGAGCCACTTGAGGAAGGAAGCTTG
Glyma.07G211500-inner primer	AGCTTGGGTCCACGGAGACAACAA

2.2.12.1 双链 cDNA 的合成

为了明确 *gma-miR9725* 对靶基因的精确裂解位点,我们首先合成了双链 cDNA,并进行了 5′端接头连接,具体步骤按照 Marathon cDNA Amplification Kit 试剂盒的说明书进行操作。

2.2.12.2 巢式 PCR

第一轮 PCR 反应体系如下:

试剂组分	体积
10×Advantage 2 PCR Buffer	5 μL
50×dNTPs Mixture（10 mmol/L）	1 μL

50×Advantage 2 Polymerase Mix	1 μL
双链 cDNA	5 μL
5′Outer Primer（10 μmol/L）	1 μL
AP1 Primer（10 μmol/L）	1 μL
ddH$_2$O	36 μL
总体积	50 μL

按照以下反应条件设置程序：

温度	时间	
95 ℃	1 min	
95 ℃	30 s	⎫ 5 个循环
72 ℃	1 min	⎭
95 ℃	30 s	⎫ 5 个循环
70 ℃	1 min	⎭
95 ℃	30 s	⎫ 25 个循环
68 ℃	1 min	⎭
4 ℃	∞	

将产物稀释 50 倍作为第二轮 PCR 模板，体系如下：

试剂组分	体积
10×Advantage 2 PCR Buffer	5 μL
50×dNTPs Mixture（10 mmol/L）	1 μL
50×Advantage 2 Polymerase Mix	1 μL
第一轮稀释产物	5 μL
5′Inner Primer（10 μmol/L）	1 μL
AP2 Primer（10 μmol/L）	1 μL
ddH$_2$O	36 μL
总体积	50 μL

按照以下反应条件设置程序：

温度	时间	
95 ℃	1 min	
95 ℃	30 s	
60 ℃	30 s	35 个循环
68 ℃	1 min	
4 ℃	∞	

胶回收二轮 PCR 产物后，连接 pGM-T 载体，转化到 Trans-T1 大肠杆菌感受态细胞中，菌液 PCR 后对阳性菌液进行测序，通过 DNAMAN 软件比对，最终确定得到 *gma-miR*9725 在靶基因上的精准裂解位点。

2.2.13 *GmAKT*1 的表达模式分析

将东农 50 大豆种子种于蛭石中，于培养箱中培养，待第一片三出复叶完全展开时，取长势一致的大豆幼苗进行处理。

（1）干旱和 ABA 胁迫：按照 2.2.1 所述对大豆幼苗进行处理。

（2）低钾处理：将大豆根部浸泡于含有 K⁺终浓度为 0.1 mmol/L 的 1/4 MS 溶液中进行处理。

（3）NaCl 处理：将大豆根部浸泡于含有 100 mmol/L、200 mmol/L、300 mmol/L、400 mmol/L 和 500 mmol/L NaCl 的 1/4 MS 溶液中进行处理。

对照组为正常的 1/4 MS 溶液浸泡大豆根部，在 0 h、1 h、3 h、6 h、12 h、24 h、36 h 和 48 h 时，对处理组与对照组进行取样，液氮速冻后置于 -80 ℃ 保存。

2.2.14 GmAKT1 的亚细胞定位分析

（1）将 *GmAKT*1 基因的 CDS 全长去掉终止密码子后，在两端加酶切位点 *Xho* Ⅰ 和 *Sac* Ⅰ，设计特异性引物，引物序列如下：

引物名称	引物序列 (5′—3′)
GmAKT1-pSAT6-F	CTCGAGATGTTGGTGTGCGGCCAAGACG
GmAKT1-pSAT6-R	GAGCTCGCACCCTCCACTTGCACCAAGA

（2）GmAKT1-pSAT6 亚细胞定位载体构建参照 2.2.11.2 中步骤（2）~（5）操作,其中载体与目的片段的双酶切体系如下:

试剂组分	体积
Xho I	2.5 μL
Sac I	10.0 μL
10×Buffer Tango	20.0 μL
GmAKT1-pGM-T 或 pSAT6 空载体	50.0 μL
ddH$_2$O	17.5 μL
总体积	100.0 μL

（3）将连接产物转化到 Trans-T1 大肠杆菌感受态细胞中,最后涂布于含有 50 mg/L Amp 的 LB 固体培养基上,通过菌液 PCR 和测序得到含有 GmAKT1-pSAT6 表达载体的阳性菌液。

（4）将阳性菌液加入具有 Amp 抗性的 LB 液体培养基中,200 r/min 下 37 ℃振荡培养 8 h 后,按照说明书进行质粒提取。

（5）拟南芥原生质体的转化:利用 PEG 转化法,在拟南芥原生质体中进行 GmAKT1-EYFP 的瞬时表达。拟南芥原生质体的提取与 PEG 转化的具体方法参照 Yoo 等人的实验方法。荧光检测使用共聚焦激光扫描显微镜。

2.2.15　钾缺陷型酵母互补实验

（1）根据 *GmAKT1* 基因的全长 CDS 序列,两端分别加上 *BamH* I 和 *EcoR* I 酶切位点,且上下游引物与酵母表达载体 pYES2/NT 部分重叠,利用 EasyGeno 快速重组克隆试剂盒构建酵母表达载体 GmAKT1-pYES2/NT。引物序列如下:

引物名称	引物序列 (5′—3′)
GmAKT1-pYES2-F	CGATAAGGTACCTAGGATCCATGTTGGTGTGCGGCCAAGACG
GmAKT1-pYES2-R	GCTGGATATCTGCAGAATTCTAGGCACCCTCCACTTGCACCA

以 GmAKT1-pGM-T 大肠杆菌质粒为模板进行扩增,PCR 体系详见 2.2.6.4 中步骤 (5),退火 60 ℃,延伸 1 min。

(2)对载体进行双酶切,体系如下:

试剂	体积
*Bam*H Ⅰ	10 μL
*Eco*R Ⅰ	5 μL
10×Buffer Tango	20 μL
pYES2/NT 空载体	50 μL
ddH$_2$O	15 μL
总体积	100 μL

(3)根据说明书对目的片段与载体进行无缝连接,反应体系如下:

试剂	体积
pYES2/NT 载体	1 μL
*GmAKT*1 目的片段	3 μL
2×EasyGeno Assembly Mix	5 μL
ddH$_2$O	1 μL
总体积	10 μL

50 ℃反应 15 min。

(4)按照说明书提取 GmAKT1-pYES2/NT 大肠杆菌质粒,转入 K$^+$缺陷型酿酒酵母菌株 R5421 感受态细胞中,按照说明书指示进行酿酒酵母感受态细胞的转化。

(5)将转有 pYES2/NT 空载体和 GmAKT1-pYES2/NT 的酿酒酵母感受态细胞浓度调整至 OD$_{600}$ = 0.8,并用无菌双蒸水稀释 10 倍、100 倍和 1 000 倍,孵育在不同 K$^+$浓度 (0.1 mmol/L、0.25 mmol/L、1 mmol/L 和 50 mmol/L) 的精氨酸磷酸盐 (arginine-phosphate, AP) 固体培养基上,在 30 ℃培养箱黑暗培养 2 d。

(6)将酵母细胞接种于低钾 (K$^+$, 0.1 mmol/L) 的液体 AP 培养基中。30 ℃振荡培养 2 d 后,记录 OD$_{600}$ 值。不同 K$^+$浓度的 AP 培养基配置方法参照

Li 等人的方法。

2.2.16   转 *GmAKT*1 基因植物的培育及鉴定

2.2.16.1   *GmAKT*1 的植物过表达载体构建

(1)根据 *GmAKT*1 的 cDNA 序列设计特异性引物,并在两端加上酶切位点,特异性引物序列如下:

引物名称	引物序列 (5′—3′)
GmAKT1(3300)-F	AGAACACGGGGGACTCTAGAATGTTGGTGTGCGGCCAAGACG
GmAKT1(3300)-R	GGGGAAATTCGAGCTCCTAGCACCCTCCACTTGCACCA

PCR 体系及程序详见 2.2.6.4 中步骤 (2)。退火 60 ℃,延伸 1 min,35 个循环。

(2)将扩增片段回收后,与 2.2.11.2 中得到的 pCAMBIA3300 载体进行双酶切,然后无缝连接,具体操作详见 2.2.14 (3)。按说明书操作得到 GmAKT1-pCAMBIA3300 过表达载体的 GV3101 农杆菌。

2.2.16.2   *akt*1 突变体恢复 *GmAKT*1 拟南芥的培育与鉴定

(1)利用花序侵染法将含有 GmAKT1-pCAMBIA3300 过表达载体的 GV3101 农杆菌转入本实验室鉴定保存的纯合 *akt*1 突变体和野生型拟南芥中,侵染方法参考 Clough 等人的方法。

(2)将上步得到的拟南芥 T_0 代种子在含有 50 mg/L PPT 的 1/2 MS 固体培养基上进行筛选,将具有 PPT 抗性的拟南芥幼苗移入土中,22 ℃下培养 (16 h 光照/8 h 黑暗,70%相对湿度)。20 d 后,按照 2.2.6.1 中步骤提取拟南芥幼苗 DNA,利用 *GmAKT*1 特异性引物进行 PCR 鉴定。PCR 体系与程序详见 2.2.6.4,特异性引物序列如下:

引物名称	引物序列 (5′—3′)
GmAKT1-JD1-F	TGCGGCCAAGACGAGAT
GmAKT1-JD1-R	AATGGACAGCGAAGAGGG

将阳性幼苗收种继续培养鉴定,直至得到稳定纯合的 T$_3$ 代恢复型拟南芥株系。提取其 RNA,反转录得到 cDNA 后,对不同株系中 GmAKT1 的表达水平进行分析,实时荧光定量 PCR 引物与体系详见 2.2.10.1 和 2.2.10.2。

AtActin8 作为内参基因,序列如下:

引物名称	引物序列 (5′—3′)
AtActin8-qRT-F	GTTTCAAGCTCTTGCTCGTAATCA
AtActin8-qRT-R	CGTCCCTGCCCTTTGTACAC

2.2.16.3　转基因大豆的培育与鉴定

(1)利用农杆菌介导的大豆子叶节培养法,将含有 GmAKT1-pCAMBIA3300 过表达载体的 GV3101 农杆菌转入东农 50 大豆,按照 Paz 等人的方法进行具体操作。

(2)首先通过对叶片涂抹 120 mg/L PPT 初步筛选转基因大豆,利用 bar 快速检测试纸条对具有 PPT 抗性的大豆叶片进行检测,并对出现阳性条带的大豆植株进行下一步 PCR 鉴定。

(3)利用载体特异性上游引物与基因特异性引物对植株进行鉴定,鉴定方法参照 2.2.11.4,引物序列如下:

引物名称	引物序列 (5′—3′)
GmAKT1-JD2-F	CAACATGGTGGAGCACGACAC
GmAKT1-JD2-R	CTGTAACGGCGGTCATAGGG

(4)将转基因大豆繁育到稳定遗传的 T$_3$ 代,对不同株系中的 GmAKT1 表达水平进行检测。

2.2.17　转 GmAKT1 基因植株的胁迫处理

2.2.17.1　转基因拟南芥的胁迫处理

(1)低钾处理:将无菌拟南芥种子点种于 MS 固体培养基上,4 ℃低温处理 3 d 后,置于 22 ℃光照培养箱竖直培养。4 d 后用镊子将拟南芥幼苗小心转移到新的 MS 培养基和低钾培养基上,继续竖直培养 7 d。从下胚轴出现将幼苗分成根部和冠部两部分开始,进行生物量和钾含量的测定。低钾培养基 (0.1 mmol/L K$^+$) 的配方参照 Xu 等人的方法。

(2)NaCl 处理。

萌发率统计:将无菌拟南芥种子点种于含有 0 mmol/L、50 mmol/L、100 mmol/L、150 mmol/L 和 200 mmol/L NaCl 的固体 MS 培养基上,4 ℃低温处理 3 d 后,置于 22 ℃光照培养箱培养。每天统计萌发率,4 d 后比较萌发差异,14 d 后统计存活率。

根长测量:将无菌拟南芥种子点种于 MS 固体培养基上,4 ℃低温处理 3 d 后,置于 22 ℃光照培养箱竖直培养。4 d 后用镊子将拟南芥幼苗小心转移到新的含有 0 mmol/L、50 mmol/L、100 mmol/L、150 mmol/L 和 200 mmol/L NaCl 的固体 MS 培养基上,继续竖直培养 7 d,测量根长。

苗期处理:将无菌拟南芥种子点种于 MS 固体培养基上,4 ℃低温处理 3 d 后,置于 22 ℃光照培养箱 14 d。将拟南芥幼苗移至土中,继续生长培养 14 d,用 200 mmol/L NaCl 溶液浇灌后观察其生长情况。每个株系同时处理 12 棵幼苗。

2.2.17.2 转基因大豆的胁迫处理

(1)干旱胁迫处理:转基因大豆与野生型大豆种在土中培养,待第一片三出复叶完全展开时,停止浇水 7 d,然后复水恢复 3 d。每个株系同时处理 12 棵苗。

(2)盐胁迫处理:转基因大豆与野生型大豆种在土中培养,待第一片三出复叶完全展开时,用 200 mmol/L 的 NaCl 溶液浇灌,对照组正常浇水,处理 7 d,每两天浇灌一次盐溶液。每个株系同时处理 12 棵苗。

(3)低钾胁迫处理:转基因大豆与野生型大豆种在土中培养,待第一片三出复叶完全展开时,将大豆幼苗清洗干净,根部浸泡在低钾的 1/4 MS 培养液(K$^+$ 终浓度为 0.1 mmol/L)中,对照组为正常的 1/4 MS 培养液,处理 7 d。每个株系同时处理 12 棵苗。

2.2.18 转 GmAKT1 基因植株的相关指标测定

对转 GmAKT1 基因植株进行处理后,观察表型,统计存活率,并对相关指标进行统计。

（1）干重和相对生长速率：按照上文 2. 2. 11. 6 中步骤（1）和（2）进行操作。

（2）钠钾含量测定：利用火焰分光光度计测定植物中钠钾含量，拟南芥的钠钾含量测定参考 Xu 等人的方法，大豆的钠钾含量测定参考 Wei 等人的方法。

（3）相关基因的实时荧光定量 PCR：对盐胁迫处理后的转基因大豆进行取样，提取 RNA，对相关钠钾离子通道基因进行实时荧光定量 PCR 分析，RNA 提取与实时荧光定量 PCR 分析的具体操作步骤详见 2. 2. 2 和 2. 2. 10. 2，表 2-5 中为相关引物序列。

表 2-5　实时荧光定量 PCR 引物

引物名称	引物序列（5′—3′）
GmSKOR-qRT-F	GAAATACGCCGCTTGATGAA
GmSKOR-qRT-R	CACGGGTGGTAAGGGAACA
GmsSOS1-qRT-F	TGCTTACTGGGAGATGCTTGAT
GmsSOS1-qRT-R	TCGGTGGGAACATACTGGACT
GmNHX1-qRT-F	GGGGCACACTTCACTAAGA
GmNHX1-qRT-R	CCATTACGTTCAGTTGGTGA
GmHKT1-qRT-F	TACCCACCGTGTTTGAGGC
GmHKT1-qRT-R	GTAGCAACCAGGAGGCAACA

2. 2. 19　统计分析

实验数据均进行三次及以上生物学重复和三次技术重复，使用 SPSS20. 0 统计软件（SPSS Inc. ,USA）对数据进行 t 检验，* 表示 $p<0.05$，** 表示 $p<0.01$；Duncan 多重检验，标有不同小写字母的代表二者差异显著，$p<0.05$。

3　结果与分析

3.1　大豆干旱胁迫相关环状 RNA 的分析

3.1.1　干旱胁迫下大豆环状 RNA 测序和分析

如图 3-1 所示,PEG 模拟干旱处理 6 h 和 12 h 后,耐旱性大豆垦丰 16 叶片中可溶性糖、脯氨酸及 H_2O_2 含量均极显著增加($p<0.01$),且其 SOD 相对活性也极显著提高,因此,本书选取 PEG 处理 0 h、6 h 和 12 h 的大豆叶片进行后续的环状 RNA 测序。取 PEG 组与 CK 组的新鲜大豆叶片进行液氮研磨后,使用 RNAiso Plus 提取叶片总 RNA,利用 RNase R 除去总 RNA 中的线性 RNA,得到环状 RNA 后浓缩进行建库和测序。在单链 RNA 剪接反应中出现 3′—5′连接即定义为环状 RNA,在处理组(PEG 6 h 和 PEG 12 h)和对照组(CK 0 h,CK 6 h 和 CK 12 h)共 5 个样本中,分别获得了 51 270 700、98 181 986、65 204 890、66 880 588 和 59 839 186 个原始测序读长,共 7 690 605 000 bp、14 727 297 900 bp、9 780 733 500 bp、10 032 088 200 bp 和 8 975 877 900 bp。基于测序读长,CIRI 软件从处理组和对照组叶片中共鉴定出 1 275 个环状 RNA,其反向剪接位点大多分布于 8 号染色体上(图 3-2)。这 1 275 个环状 RNA 来源于 959 个亲本基因,其中最多有高达 6 个环状 RNA 由一个亲本基因反向剪接形成。干旱响应的大豆环状 RNA 大多数为经典外显子类型的环状 RNA,比例高达 81.6%。如图 3-3 所示,有 381 个环状 RNA(29.9%)只在对照组中表达,431 个环状 RNA(33.8%)在 PEG 处理后才产生。

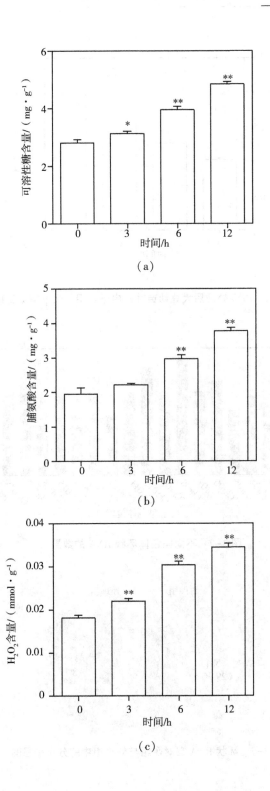

（a）

（b）

（c）

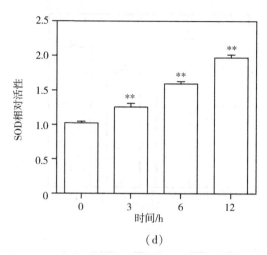

（d）

图 3-1　PEG 处理后大豆幼苗叶片中干旱相关生理指标变化

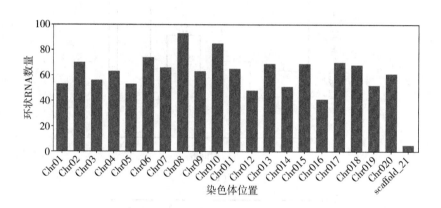

图 3-2　不同染色体环状 RNA 的数量

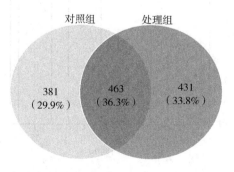

图 3-3　环状 RNA 在对照组与处理组中的分布维恩图

为了初步了解大豆环状 RNA 在干旱胁迫下的转录特点,笔者统计了 PEG 处理前后叶片中环状 RNA 包含的外显子数量。如图 3-4 所示,PEG 处理 6 h 后,环状 RNA 包含的外显子数明显增加,但处理 12 h 后,含有 1~7 个和 15 个外显子的环状 RNA 数量有所减少,而含有 8 个、10 个和 11 个外显子的环状 RNA 数量略有增加。这一结果表明,大豆环状 RNA 能够响应干旱胁迫,可能通过改变环状 RNA 所含外显子数量,进而行使其功能来影响大豆对干旱胁迫的适应。

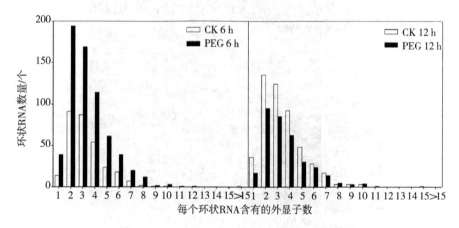

图 3-4　PEG 处理后环状 RNA 外显子数量变化

3.1.2　干旱胁迫下大豆差异表达环状 RNA 分析

为了进一步了解大豆环状 RNA 对干旱胁迫的响应模式,笔者对 PEG 处理下的大豆环状 RNA 进行了层次聚类分析。由图 3-5 可知,在对照条件下,大豆环状 RNA 的表达水平是不断变化的,而且在 PEG 处理后,大豆环状 RNA 呈现出与对照组明显不同的表达谱,表明环状 RNA 很可能参与了大豆对干旱胁迫的响应。

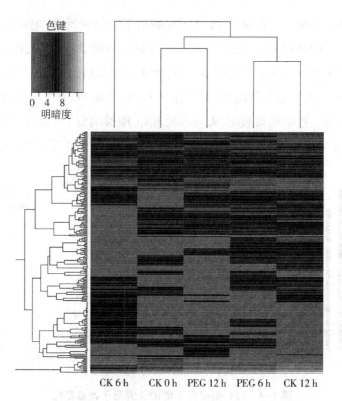

图 3-5　PEG 处理下大豆幼苗叶片中环状 RNA 聚类图

　　通过 DESeq2 对处理组与对照组数据进行分析,得到差异表达候选环状 RNA。如图 3-6 所示,PEG 6 h/CK 6 h 组中共得到 145 个差异表达环状 RNA, PEG 12 h/CK 12 h 组中则发现 61 个差异表达环状 RNA,两组中共有的差异表达环状 RNA 数量为 20 个。与对照组的同一时间点相比,这 20 个环状 RNA 中有 6 个在 6 h 和 12 h 均明显上调,8 个均明显下调。同时挑选与 0 h 相比,两个时间点均明显上调的有 8 个环状 RNA,明显下调的有 15 个环状 RNA,共 33 个环状 RNA,进行进一步分析(表 3-1)。

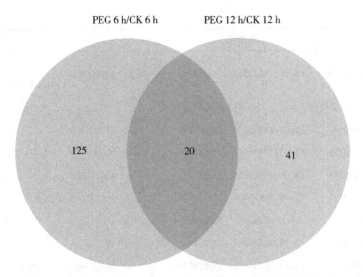

图 3-6 PEG 处理 6 h 与 12 h 后差异表达环状 RNA 的维恩图

表 3-1 与对照组和 0 h 处理组相比在 PEG 处理 6 h 和 12 h 时差异表达环状 RNA 分析

环状 RNA	剪接位点	亲本基因	亲本基因功能预测
与对照组的同一时间点相比，PEG 处理下 6 h 与 12 h 均上调的环状 RNA			
gma_circ_0000287	Chr05:682855..683335:+	*Glyma.* 05*G*007100	碳酸酐酶
gma_circ_0000298	Chr06:10302651..10308900:+	*Glyma.* 06*G*126000	RNA 识别基序
gma_circ_0000524	Chr08:8532919..8536670:+	*Glyma.* 08*G*111000	植物血凝素
gma_circ_0000778	Chr12:5535736..5536395:+	*Glyma.* 12*G*074000	丝氨酸/苏氨酸激酶 PBL5
gma_circ_0000930	Chr15:23326207..23327192:-	无	无
gma_circ_0001176	Chr19:39073408..39073720:+	*Glyma.* 19*G*130800	谷氨酸合酶（铁氧还蛋白）
与对照组的同一时间点相比，PEG 处理下 6 h 与 12 h 均下调的环状 RNA			
gma_circ_0000148	Chr03:35202582..35202830:-	*Glyma.* 03*G*136100	类 AP2 乙烯响应转录因子
gma_circ_0000202	Chr04:28671067..28672737:+	*Glyma.* 04*G*146900	核孔复合蛋白 NUP1
gma_circ_0000280	Chr05:41257574..41258431:+	*Glyma.* 05*G*236100	NADH 脱氢酶
gma_circ_0000284	Chr05:5421126..5423158:+	*Glyma.* 05*G*058500	未知
gma_circ_0000531	Chr09:12360674..12361573:-	*Glyma.* 09*G*091700	NEDD8
gma_circ_0000726	Chr11:6863656..6864559:+	*Glyma.* 11*G*090700	F-box 蛋白 SKIP31
gma_circ_0000907	Chr14:8803783..8804793:-	*Glyma.* 14*G*094700	甘氨酸脱氢酶

续表

环状 RNA	剪接位点	亲本基因	亲本基因功能预测
gma_circ_0001213	Chr20:24828548..24831794:+	*Glyma.*20G069800	多梳家族蛋白 EMBRYONIC FLOWER 2
与 0 h 相比,PEG 处理下 6 h 与 12 h 均上调的环状 RNA			
gma_circ_0000127	Chr03:18838854..18840058:-	*Glyma.*03G076300	未知
gma_circ_0000134	Chr03:27920667..27921314:-	*Glyma.*03G094500	未知
gma_circ_0000343	Chr06:29623928..29624242:+	*Glyma.*06G223500	蛋白质
gma_circ_0000495	Chr08:39870429..39872147:-	*Glyma.*08G287600	四肽重复结构域蛋白 TSS
gma_circ_0000857	Chr13:9580102..9580490:-	无	无
gma_circ_0000930	Chr15:23326207..23327192:-	无	无
gma_circ_0000939	Chr15:35365065..35367804:-	*Glyma.*15G215900	类 NYC1 蛋白
gma_circ_0001214	Chr20:25335162..25337700:+	*Glyma.*20G071200	泛素 C 端水解酶
与 0 h 相比,PEG 处理下 6 h 与 12 h 均下调的环状 RNA			
gma_circ_0000031	Chr01:51378637..51379468:-	*Glyma.*01G177400	G-box 结合因子 1
gma_circ_0000042	Chr01:56072968..56073413:-	*Glyma.*01G234600	未知
gma_circ_0000095	Chr02:38755328..38755758:+	*Glyma.*02G202500	醛脱氢酶 11A1
gma_circ_0000148	Chr03:35202582..35202830:-	*Glyma.*03G136100	类 AP2 乙烯响应转录因子
gma_circ_0000162	Chr03:42263149..42267780:-	*Glyma.*03G219100	组氨酸激酶 CKI1
gma_circ_0000176	Chr03:45625445..45625753:-	*Glyma.*03G262900	未知
gma_circ_0000302	Chr06:10377283..10378900:+	*Glyma.*06G126600	环核苷酸门控离子通道 1
gma_circ_0000455	Chr08:1929204..1929440:+	*Glyma.*08G024100	未知
gma_circ_0000543	Chr09:29201668..29202274:-	*Glyma.*09G121300	类 LRR 受体丝氨酸/苏氨酸蛋白激酶
gma_circ_0000612	Chr10:23190055..23190797:-	*Glyma.*10G105100	输出蛋白
gma_circ_0000704	Chr11:30806585..30807558:+	*Glyma.*11G214700	NCGTN 蛋白
gma_circ_0000787	Chr12:6719975..6720797:+	*Glyma.*12G084100	NAD 依赖的表异构酶/脱氢酶
gma_circ_0000917	Chr11:30806585..30807558:+	*Glyma.*11G214700	NCSTN 蛋白
gma_circ_0001012	Chr16:4682080..4684043:+	*Glyma.*16G048700	锌指蛋白 10
gma_circ_0001013	Chr16:47771..48137:+	*Glyma.*16G000500	胚胎缺陷蛋白

3.1.3　GO 富集与 KEGG 通路分析

有报道表明,环状 RNA 能够顺式调控其亲本基因,并在转录调控过程中发挥重要作用。为了分析大豆环状 RNA 在干旱胁迫中的作用,笔者通过 Blast2GO 软件对环状 RNA 的亲本基因进行了 GO 富集分析。GO,也就是基因本体论(gene ontology),是一个适用于所有物种的国际标准化的基因功能分类系统,它可以定义和描述基因和蛋白质的功能,提供基因功能注释信息。GO 富集分析结果表明,大豆幼苗叶片环状 RNA 的亲本基因在干旱模拟胁迫下上调或者下调表达(图 3-7),说明环状 RNA 可能对干旱条件下大豆的正常生命活动起着重要作用。

通过进一步分析发现,环状 RNA 的亲本基因功能可以分为三类,包括生物过程(biological process)、细胞组分(cellular component)和分子功能(molecular function)。多数基因在细胞组分上主要为细胞(cell part)和细胞器成分(organelle,organelle part),具有催化(catalytic)、结合蛋白等分子功能;参与细胞过程(cellular process)、代谢过程(metabolic process)、单生物过程(single-organism process)及生物调节(biological regulation)等生物过程,说明可产生环状 RNA 的亲本基因来源广泛,具有丰富的生物学功能,在大豆的生长发育过程中发挥重要的作用。其中,富集最为显著的为 GO:0016041 和 GO:0016643,分别参与谷氨酸合酶活性与氧化还原酶活性的调控,说明在干旱胁迫下,大豆环状 RNA 可能参与氧化胁迫反应,从而对干旱进行响应。

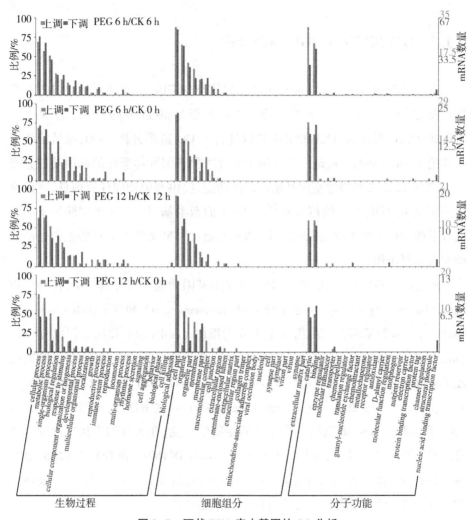

图 3-7 环状 RNA 亲本基因的 GO 分析

KEGG,即京都基因和基因组数据库（Kyoto Encyclopedia of Genes and Genomes）,是一个全面分析基因功能、表达和基因组信息的数据库。为了进一步预测大豆环状 RNA 在干旱胁迫中的功能,笔者对生成环状 RNA 的亲本基因进行了 KEGG 通路分析,结果共得到了 71 条通路。在获得的 KEGG 通路中,某些与植物的抗旱胁迫能力有关。如图 3-8 所示,多数环状 RNA 与 3 条 KEGG 通路相关,包括碳氮代谢、内质网蛋白加工、蛋白质水解,参与植物的抗旱响应及渗透调节,说明环状 RNA 极有可能参与大豆的抗旱调节过程。

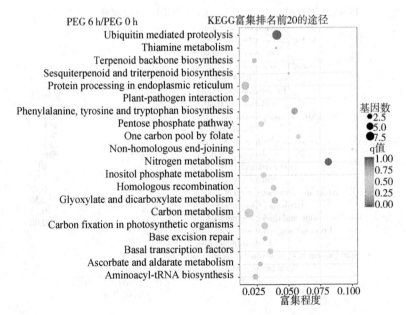

（a）

（b）

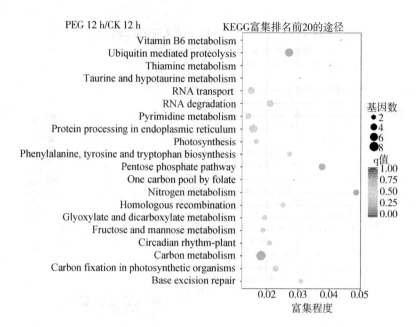

（c）

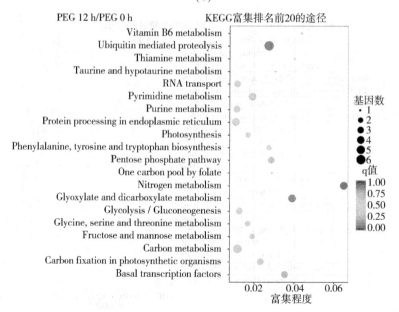

（d）

图 3-8　环状 RNA 亲本基因的 KEGG 通路分析

3.1.4 大豆环状 RNA 编码蛋白质潜力的分析

IRES,即内部核糖体进入位点（internal ribosome entry site）,是无 5′端帽结构的 mRNA 序列能够起始翻译的先决条件。通过网站比对,共得到 19 个环状 RNA 都含有至少一个 IRES 元件（表 3-2）,环状 RNA 的最长 ORF 见表 3-3。其中,gma_circ_0000028 包含 7 个 IRES 元件,gma_circ_0000187 包含 4 个 IRES 元件,gma_circ_0000304 包含 12 个 IRES 元件,如表 3-2 所示,这些环状 RNA 是可能编码蛋白质的。进一步通过数据库对环状 RNA 可能编码的保守结构域进行了预测,最终得到 11 个包含保守结构域的环状 RNA,分别为 gma_circ_0000028,gma_circ_0000409,gma_circ_0000423,gma_circ_0000539,gma_circ_0000651,gma_circ_0000866,gma_circ_0000980,gma_circ_0001040,gma_circ_0001189,gma_circ_0001236 和 gma_circ_0001262（表 3-4）,其中部分环状 RNA 编码的氨基酸序列信息详见表 3-5。通过以上分析可知,干旱胁迫下大豆幼苗叶片环状 RNA 有编码蛋白质的潜力。

表 3-2　具有编码蛋白质潜力的环状 RNA 的 IRES 预测

环状 RNA	亲本基因	IRES	E 值
gma_circ_0000028	*Glyma*. 01*G*169100	IRESite_Id:138	0.029
gma_circ_0000028	*Glyma*. 01*G*169100	IRESite_Id:66 hairless IRES	0.029
gma_circ_0000028	*Glyma*. 01*G*169100	IRESite_Id:233	0.029
gma_circ_0000028	*Glyma*. 01*G*169100	IRESite_Id:229	0.029
gma_circ_0000028	*Glyma*. 01*G*169100	IRESite_Id:137	0.029
gma_circ_0000028	*Glyma*. 01*G*169100	IRESite_Id:135	0.029
gma_circ_0000028	*Glyma*. 01*G*169100	IRESite_Id:235	0.029
gma_circ_0000187	*Glyma*. 04*G*117400	IRESite_Id:124	0.022
gma_circ_0000187	*Glyma*. 04*G*117400	IRESite_Id:215	0.022
gma_circ_0000187	*Glyma*. 04*G*117400	IRESite_Id:214	0.022
gma_circ_0000187	*Glyma*. 04*G*117400	IRESite_Id:317	0.022
gma_circ_0000304	*Glyma*. 06*G*135500	IRESite_Id:482	7.00E-07
gma_circ_0000304	*Glyma*. 06*G*135500	IRESite_Id:477	7.00E-07

续表

环状 RNA	亲本基因	IRES	E 值
gma_circ_0000304	*Glyma.* 06G135500	IRESite_Id:436	7.00E−06
gma_circ_0000304	*Glyma.* 06G135500	IRESite_Id:471	2.00E−05
gma_circ_0000304	*Glyma.* 06G135500	IRESite_Id:138	1.00E−03
gma_circ_0000304	*Glyma.* 06G135500	IRESite_Id:479	1.00E−03
gma_circ_0000304	*Glyma.* 06G135500	IRESite_Id:478	1.00E−03
gma_circ_0000304	*Glyma.* 06G135500	IRESite_Id:481	1.00E−03
gma_circ_0000304	*Glyma.* 06G135500	IRESite_Id:476	1.00E−03
gma_circ_0000304	*Glyma.* 06G135500	IRESite_Id:233	1.00E−03
gma_circ_0000304	*Glyma.* 06G135500	IRESite_Id:229	1.00E−03
gma_circ_0000304	*Glyma.* 06G135500	IRESite_Id:235	1.00E−03
gma_circ_0000321	*Glyma.* 06G173200	IRESite_Id:436	3.20E−02
gma_circ_0000409	*Glyma.* 07G235800	IRESite_Id:597	1.00E−02
gma_circ_0000423	*Glyma.* 07G055900	IRESite_Id:613	2.20E−02
gma_circ_0000539	*Glyma.* 09G111400	IRESite_Id:122	2.00E−02
gma_circ_0000539	*Glyma.* 09G111400	IRESite_Id:48	2.00E−02
gma_circ_0000651	*Glyma.* 10G275100	IRESite_Id:519	3.50E−02
gma_circ_0000830	*Glyma.* 13G259100	IRESite_Id:40	2.40E−02
gma_circ_0000850	*Glyma.* 13G362900	IRESite_Id:496	2.60E−02
gma_circ_0000850	*Glyma.* 13G362900	IRESite_Id:490	2.60E−02
gma_circ_0000866	*Glyma.* 14G119800	IRESite_Id:66	1.00E−06
gma_circ_0000866	*Glyma.* 14G119800	IRESite_Id:137	1.00E−06
gma_circ_0000866	*Glyma.* 14G119800	IRESite_Id:135	1.00E−06
gma_circ_0000866	*Glyma.* 14G119800	IRESite_Id:138	5.00E−03
gma_circ_0000866	*Glyma.* 14G119800	IRESite_Id: 233	5.00E−03
gma_circ_0000866	*Glyma.* 14G119800	IRESite_Id: 229	5.00E−03
gma_circ_0000866	*Glyma.* 14G119800	IRESite_Id: 235	5.00E−03
gma_circ_0000980	*Glyma.* 16G095700	IRESite_Id:626	2.10E−02
gma_circ_0001011	*Glyma.* 16G048700	IRESite_Id:613	3.00E−04
gma_circ_0001040	*Glyma.* 17G037600	IRESite_Id:597	1.00E−02
gma_circ_0001081	*Glyma.* 17G104200	IRESite_Id:124	2.90E−02

续表

环状 RNA	亲本基因	IRES	E 值
gma_circ_0001081	*Glyma.* 17*G*104200	IRESite_Id：215	2.90E−02
gma_circ_0001081	*Glyma.* 17*G*104200	IRESite_Id：214	2.90E−02
gma_circ_0001081	*Glyma.* 17*G*104200	IRESite_Id：317	2.90E−02
gma_circ_0001189	*Glyma.* 19*G*213300	IRESite_Id：612	4.00E−04
gma_circ_0001236	*Glyma.* 20*G*187400	IRESite_Id：470	8.00E−03
gma_circ_0001236	*Glyma.* 20*G*187400	IRESite_Id：469	8.00E−03
gma_circ_0001262	*Glyma.* 20*G*244900	IRESite_Id：603	1.00E−02
gma_circ_0001262	*Glyma.* 20*G*244900	IRESite_Id：602	1.00E−02
gma_circ_0001262	*Glyma.* 20*G*244900	IRESite_Id：39	1.00E−02
gma_circ_0001262	*Glyma.* 20*G*244900	IRESite_Id：609	1.00E−02
gma_circ_0001262	*Glyma.* 20*G*244900	IRESite_Id：605	1.00E−02
gma_circ_0001269	*Glyma.* 20*G*005900	IRESite_Id：66	3.00E−03
gma_circ_0001269	*Glyma.* 20*G*005900	IRESite_Id：137	3.00E−03
gma_circ_0001269	*Glyma.* 20*G*005900	IRESite_Id：135	3.00E−03

表 3-3　具有编码蛋白质潜力的环状 RNA 的最长 ORF 预测

环状 RNA	起始位点	终止位点	正义链/反义链	编码氨基酸个数
gma_circ_0000028	50658467	50658754	+	95aa
gma_circ_0000187	13778783	13778697	−	28aa
gma_circ_0000304	11136290	11136180	−	36aa
gma_circ_0000321	14548142	14548005	−	45aa
gma_circ_0000409	41732948	41733208	+	86aa
gma_circ_0000423	4931401	4932150	+	249aa
gma_circ_0000539	22064143	22064355	+	70aa
gma_circ_0000651	49802672	49802809	+	45aa
gma_circ_0000830	36343771	36344091	+	206aa
gma_circ_0000850	44990485	44990697	−	70aa
gma_circ_0000866	16758284	16760053	+	589aa
gma_circ_0000980	17328749	17328929	+	191aa
gma_circ_0001011	4682104	4682301	+	65aa

续表

环状 RNA	起始位点	终止位点	正义链/反义链	编码氨基酸个数
gma_circ_0001040	2787149	2787409	+	86aa
gma_circ_0001081	8203283	8203564	+	93aa
gma_circ_0001189	46667429	46668973	+	514aa
gma_circ_0001236	42597732	42597920	+	62aa
gma_circ_0001262	47537945	47538298	+	117aa
gma_circ_0001269	577215	577751	+	178aa

表 3-4　环状 RNA 预测蛋白质产物的保守结构域分析

环状 RNA	蛋白质序列位置 特异性得分矩阵号	E 值	登记号	简称
gma_circ_0000028	354836	2.91E−05	cl21494	Abhydrolase
gma_circ_0000409	355602	1.18E−20	cl27008	HECTc
gma_circ_0000423	317460	4.57E−08	cl20917	CLU_N
gma_circ_0000539	354314	4.61E−06	cl17169	RRM_SF
gma_circ_0000651	273167	1.24E−14	cl36702	rad23
gma_circ_0000866	307769	1.03E−83	pfam01803	LIM_bind
gma_circ_0000980	238008	1.90E−11	cd00051	Efh
gma_circ_0001040	355602	1.76E−21	cl27008	HECTc
gma_circ_0001189	236848	1.52E−35	cl35992	PRK11107
gma_circ_0001236	215599	9.44E−22	cl33646	PLN03140
gma_circ_0001262	308141	3.55E−19	cl15642	Glucan_synthase

表 3-5　环状 RNA 预测蛋白质产物的保守结构域序列

环状 RNA	氨基酸序列
gma_circ_0000028	KWKRGGIIGAAALTGGTLMAVTGGLAAPAIAAGLGALAPTLG
gma_circ_0000409	MSQLTEDSLRGSIRVTFVNEFGVEEAGIDGGGIFKDFMENITRAAF- DVQYGLFKETADHLLYANPGSGMIHEQHFQFFHFLGTLLAK

续表

环状 RNA	氨基酸序列
gma_circ_0000423	STDRIIDVRRLLSVNTETCYITNFSL-SHEVRGPRLKDTVDVSALKPCILDLV-EEDYDEDRAVAHVRRLLDIV
gma_circ_0000539	VLYVGRIPHGFYEKEM
gma_circ_0000651	MVQANPQILQPMLQELGKQNPHLMR-LIRDHQADFLRLINEPAEGAE
gma_circ_0000866	RLTHYMYQQQHRPEDNNIEFWRKFVAEY-FAPNAKKKWCVSMYGSGRQTTGVFPQD-VWHCEICNCKPGRGFEATAEVL-PRLFKIKYESGTLEELLYVDMPREYHNSS-GQIVLDYAKAIQESVFEQLRVVRDGQL-RIVFSPDLKICSWEFCARRHEELIPRRL-LIPQVSQLGVVAQKYQAFTQNATPNLS-VPELQNNCNLFVASARQLAKALEV-PLVNDLGYTKRYVRCLQISEVVNSMKDLIDYSRETRTGPM
gma_circ_0000980	KCKAIFEQFDEDSNGAIDQEELKKCF-SKLEISFTEEEINDLFEACDINEDMVMKFSEFIVL
gma_circ_0001040	MSQLTEDSLRGSIRVTFVNEFGVEE-AGIDGGGIFKDFMENITRAAFD-VQYGLFKETADHLLYPNPGSGMIHEQHFQFFHFLGTLLAK
gma_circ_0001189	DQLLEQNVALDLARQEAEMAIHARNDFLA-VMNHEMRTPMHAIIALSSLLLETELT-PEQRVMIETVLKSSNVLATLINDVLDLSR-LEDGSLELEKGKFNLHGVLGEIVELIK-PIASVKKLPITLILSPDLPTHAIG-DEKRLTQTLLNVVGNAVKFTKEGYVSIRVS
gma_circ_0001236	NAIERILGSINLLPSKRSVIKILQDVS-GIVKPARLTLLLGPPRSGKTTLLQALAGKLDRDLR

续表

环状 RNA	氨基酸序列
gma_circ_0001262	MMYYRKALMLQTYLERTTAGDLEAAIGC-DEVTNTHGFELSPEARAQADLKFTYVVTC-QIYGKQKEEQKPEAADIALLMQRNEALR-VAFIDVVETLKEGKVNTEYYSKLVK

3.1.5 大豆环状 RNA 作为 miRNA 海绵的功能分析

有研究指出,环状 RNA 可以作为 miRNA 海绵并抑制 miRNA 对其下游靶向 mRNA 的调控,进而调节功能基因的表达。为验证大豆环状 RNA 是否通过与 miRNA 结合影响靶基因的转录后调控,本书利用生物信息学方法,以 RNA 测序结果得到的环状 RNA 为基础,鉴定出大豆中环状 RNA 来源的靶标模拟物,预测得到 23 个环状 RNA 具有与已知 miRNA 的特异性结合位点。如图 3-9 和图 3-10 所示,菱形代表具有特异 miRNA 结合位点的环状 RNA,椭圆形代表 miRNA 结合位点。有的环状 RNA 有多个 miRNA 结合位点,例如 gma_circ_0000879 有 5 个结合位点,分别为 $gma-miR4350$、$gma-miR156z$、$gma-miR159b-3p$、$gma-miR159f-3p$ 和 $gma-miR156aa$;gma_circ_0001063 的结合位点有 4 个,分别为 $gma-miR172a$、$gma-miR172b-3p$、$gma-miR172f$ 和 $gma-miR172h-3p$。同时也存在多个环状 RNA 共有一个或者多个结合位点的情况,例如,gma_circ_0000473、gma_circ_0000474 和 gma_circ_0000475 之间存在一个共同的结合位点 $gma-miR1535a$;gma_circ_0000673 和 gma_circ_0000674 有共同的结合位点,即 $gma-miR162a$。

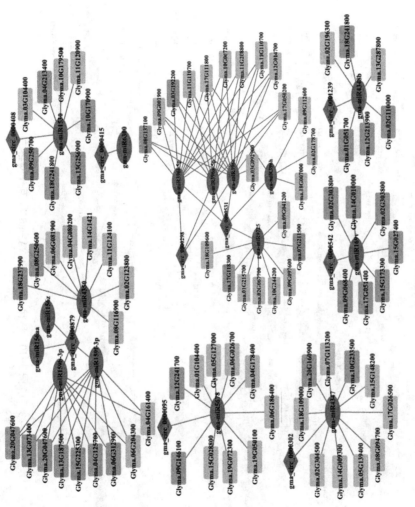

图 3-9 环状 RNA-miRNA-mRNA 互作网络—

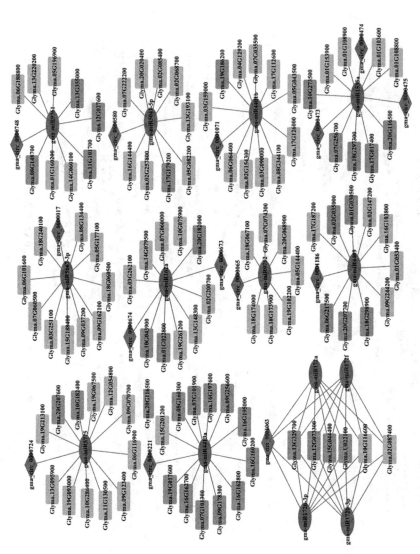

图 3-10　环状 RNA-miRNA-mRNA 互作网络二

miRNA 是长度在 20~24 nt 之间的内源性小 RNA 分子，广泛分布于真核生物中，在进化上是高度保守的。miRNA 通过与其靶向 mRNA 的 3′非翻译区的结合来阻断靶基因的翻译或引起 mRNA 的切割，参与植物在非生物胁迫下的各种生理过程。为了探究大豆环状 RNA 在抗旱胁迫中发挥的作用，通过生物信息学方法对环状 RNA 可能结合 miRNA 的靶基因进行预测是很有必要的。本书利用 psRNATarget 在线服务器对环状 RNA 可能结合 miRNA 的靶 mRNA 进行预测，同时对靶 mRNA 功能进行分析。如图 3-9 和图 3-10 所示，矩形代表靶向 mRNA，其中紫色矩形代表可能参与干旱调控的 mRNA，并将与干旱相关的靶向基因的功能列在表 3-6 中。值得注意的是，各有 11 个和 7 个预测靶 mRNA 编码干旱相关转录因子 MYB 和 NF-Y，其他还包括乙烯响应转录因子 RAP2-7，钾离子通道 AKT1 以及细胞分裂素合成相关的异戊烯基转移酶 IPT。预测的结果为深入分析大豆环状 RNA 的抗旱调控网络提供了依据。

表 3-6　与环状 RNA 结合的 miRNA 的靶向基因功能描述

环状 RNA	miRNA 名称	靶向基因	功能简介
gma_circ_0000531	gma-miR396a-5p	Glyma. 08G137100	肽重复序列结构域（TPR）
gma_circ_0000298	gma-miR396i-5p	Glyma. 03G192200	生长调节因子（GRF）
	gma-miR396e	Glyma. 10G067200	
		Glyma. 11G208800	
		Glyma. 11G110700	WRC/QLQ 结构域
		Glyma. 12G014700	
		Glyma. 17G050200	
gma_circ_0000531	gma-miR9725	Glyma. 17G118300	钾离子通道 AKT1
		Glyma. 07G211500	长叶薄荷酮还原酶
gma_circ_0001239	gma-miR4348b	Glyma. 01G051700	MYB 转录因子
		Glyma. 12G213900	
		Glyma. 02G110000	
		Glyma. 18G241800	非典型双特异性磷酸酶

续表

环状 RNA	miRNA 名称	靶向基因	功能简介
gma_circ_0001186	gma-miR4409	Glyma. 06G217500	甲基 CpG 结合蛋白（MBD）
		Glyma. 20G207700	类 COP1 互作蛋白
		Glyma. 18G298900	开花蛋白（FT）
		Glyma. 01G030500	碳酸酐酶(CA)
		Glyma. 02G035000	
gma_circ_0000580	gma-miR5041-5p	Glyma. 17G179200	SCF 泛素连接酶
		Glyma. 20G182000	S 酰基转移酶
gma_circ_0000674	gma-miR162a	Glyma. 10G043900	三角状五肽重复序列结构域（PPR）
		Glyma. 01G022800	MADS 转录因子
		Glyma. 08G148700	ABC 转运蛋白
		Glyma. 11G101700	丝裂原活化蛋白激酶(MAK)
gma_circ_0000748	gma-miR9761	Glyma. 12G027600	
		Glyma. 13G355000	ABC 转运蛋白
gma_circ_0000473	gma-miR1535a	Glyma. 07G256700	异戊烯基转移酶（IPT）
gma_circ_0000474		Glyma. 18G297300	
gma_circ_0000475		Glyma. 17G017400	
		Glyma. 20G116500	腺苷酸异戊烯转移酶
		Glyma. 10G273500	
gma_circ_0000095	gma-miR5678	Glyma. 09G146100	水通道蛋白 CHIP
		Glyma. 12G241700	乙烯受体 1（ETR1）
		Glyma. 20G160900	U-box 结构域蛋白
gma_circ_0000302	gma-miR4347	Glyma. 10G233500	
		Glyma. 07G113200	生长素载体 PIN-LIKES 3

续表

环状 RNA	miRNA 名称	靶向基因	功能简介
gma_circ_0000221	gma−miR4413a	Glyma.16G162700	五肽重复序列蛋白 1（PTCD1）
		Glyma.07G101300	
		Glyma.09G178300	
		Glyma.16G162800	
		Glyma.16G160200	
		Glyma.16G195000	
		Glyma.09G256600	三角状五肽重复序列
		Glyma.16G197600	结构域（PPR）
		Glyma.07G101900	
		Glyma.08G160300	
		Glyma.19G017600	
		Glyma.09G256600	
gma_circ_0000408	gma−miR1530	Glyma.04G213400	磷脂酰肌醇 4 激酶（PI4K）
		Glyma.10G170900	非典型双特异性磷酸酶
		Glyma.09G250700	
		Glyma.18G241800	
		Glyma.13G256900	MADS 蛋白 SVP
gma_circ_0000542	gma−miR169v	Glyma.09G068400	转录因子 NF-Y
		Glyma.17G051400	
		Glyma.15G173300	
		Glyma.15G027400	转录因子 NF-Y
		Glyma.02G303800	转录因子 NF-Y
		Glyma.14G010000	
		Glyma.02G303800	
gma_circ_0000724	gma−miR5775	Glyma.10G182400	蛋白磷酸酶 2C（PP2C）
		Glyma.20G207600	

续表

环状 RNA	miRNA 名称	靶向基因	功能简介
gma_circ_0000879	*gma-miR4350*	*Glyma.* 18G237900	半胱氨酸受体蛋白激酶 28（CRK28）
		Glyma. 08G250600	MYB 转录因子
	gma-miR159b-3p/	*Glyma.* 20G047600	MYB 转录因子
	gma-miR159f-3p	*Glyma.* 13G073400	
		Glyma. 13G187500	
		Glyma. 15G225300	MYB 转录因子
		Glyma. 04G125700	MYB 转录因子
		Glyma. 06G312900	
gma_circ_0001063	*gma-miR172a*	*Glyma.* 13G329700	乙烯响应转录因子 RAP2-7
	gma-miR172b-3p	*Glyma.* U022100	
	gma-miR172h-3p	*Glyma.* 15G044400	
	gma-miR172f	*Glyma.* 12G073300	
gma_circ_0001071	*gma-miR4401b*	*Glyma.* 19G186200	Cys2/His2 型锌指蛋白

3.1.6　大豆环状 RNA 反向剪接位点的验证

　　为了进一步验证干旱胁迫下大豆环状 RNA 的真实性，笔者针对上文 3.1.2 中的差异表达环状 RNA 和 3.1.5 中预测作为 miRNA 海绵的环状 RNA 的反向剪接位点设计了特异性的发散引物进行 PCR 及测序验证。如图 3-11 所示，通过 PCR 技术以及 Sanger 测序共得到 42 个环状 RNA 的反向剪接位点（箭头所示位置）。

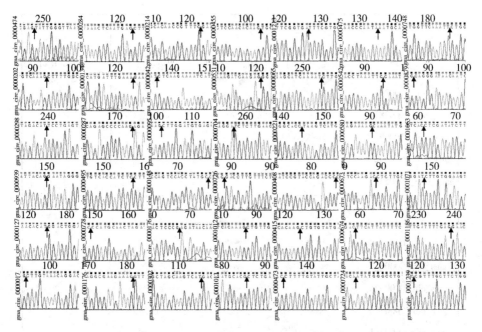

图 3-11 通过 Sanger 测序对反向剪接位点进行验证（箭头指向反向剪接位点）

同时，为了进一步证明环状 RNA 的存在，本书对图 3-11 中的 42 个已验证的反向剪切位点的环状 RNA 进行了琼脂糖凝胶电泳检测。针对它们在转录本（cDNA）和基因组（gDNA）上的反向剪切位点分别设计用于鉴定的发散引物和收敛引物，同时管家基因 *GmActin*4 作为线性对照。其中发散引物用来检测环状 RNA 和重组基因，收敛引物用来检测线性 mRNA 和环状 RNA，除了用 cDNA 为模板检测，还要用 gDNA 为模板进行检测。因为环状 RNA 对 RNase R 有强耐受性，所以用 RNase R 对 RNA 进行消化可以排除线性 mRNA 的干扰。理论上，用 cDNA 作为模板两对引物均有产物，用 gDNA 作为模板只有收敛引物有产物，表明检测的 RNA 不是由基因重组产生的；以 cDNA 为模板和以 gDNA 作为模板均只有收敛引物有产物，则检测的基因不表达环状 RNA，也没有在检测区域发生基因重组。通过 PCR 技术，成功扩增出 5 个环状 RNA 的反向剪接位点，且排除了基因重组的可能性（图 3-12），从而证明了环状 RNA 在大豆中的真实存在。

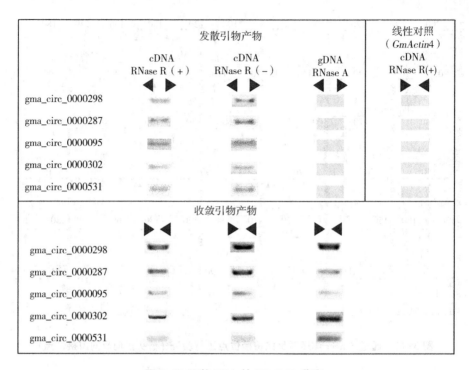

图 3-12 环状 RNA 的 RT-PCR 鉴定

注：▶◀表示收敛引物，◀▶表示发散引物。

3.1.7 环状 RNA 作为 miRNA 海绵的表达模式分析

为了进一步分析已被鉴定的 5 个环状 RNA 的功能，本书预测了它们的亲本基因的功能。如表 3-7 所示，笔者发现这 5 个环状 RNA 的亲本基因均与植物生长发育及胁迫响应相关。

表 3-7   已鉴定环状 RNA 的亲本基因功能预测

环状 RNA 的 ID	亲本基因	亲本基因的功能预测
gma_circ_0000287	*Glyma*. 05*G*007100	碳酸酐酶
gma_circ_0000302	*Glyma*. 06*G*126600	环核苷酸门控通道 1（CNGC1）
gma_circ_0000095	*Glyma*. 02*G*202500	乙醛脱氢酶
gma_circ_0000298	*Glyma*. 06*G*126000	RNA 识别基序

续表

环状 RNA 的 ID	亲本基因	亲本基因的功能预测
gma_circ_0000531	*Glyma.* 09G091700	参与泛素介导的蛋白质水解（NEDD8 ultimate buster 1）

对 PEG 处理下环状 RNA 亲本基因、环状 RNA、环状 RNA 可能吸附的 miRNA 及 miRNA 的两个靶基因的表达模式进行了实时荧光定量 PCR 分析。环状 RNA 既可通过结合其线性亲本基因促进转录,发挥协同表达作用,也可与线性 mRNA 之间出现剪切竞争,抑制亲本基因的表达,因此,亲本基因与环状 RNA 的表达水平趋势可能相同也可能相反。如表 3-8 所示,gma_circ_0000531、gma_circ_0000302 和 gma_circ_0000287 在 PEG 处理后的表达水平趋势与其亲本基因一致,gma_circ_0000095 和 gma_circ_0000298 则与其亲本基因的表达水平趋势相反。

表 3-8　已鉴定环状 RNA 作为 miRNA 海绵在 PEG 处理下的相对表达水平

时间	相对表达水平				
亲本基因	*Glyma.* 06G126000	*Glyma.* 09G091700	*Glyma.* 02G202500	*Glyma.* 06G126600	*Glyma.* 05G007100
0 h	2.056	2.300	1.962	1.330	2.614
6 h	1.783	0.907	1.291	0.582	1.335
12 h	0.744	0.779	1.198	0.904	1.275
环状 RNA	gma_circ_ 0000298	gma_circ_ 0000531	gma_circ_ 0000095	gma_circ_ 0000302	gma_circ_ 0000287
0 h	0.343	3.638	0.543	1.737	0.929
6 h	0.473	1.590	1.311	0.944	0.478
12 h	0.709	0.823	0.870	0.561	0.484
miRNA	*gma-miR* 396a-5p	*gma-miR* 9725	*gma-miR* 5678	*gma-miR* 4347	—
0 h	0.806	1.164	1.621	1.807	—
6 h	1.080	14.244	0.805	3.714	—
12 h	1.186	7.938	0.509	1.051	—

续表

时间	相对表达水平				
靶基因 1	*Glyma*. 17 *G*111800	*Glyma*. 17 *G*118300	*Glyma*. 09 *G*146100	*Glyma*. 07 *G*113200	—
0 h	2.544	1.021	3.149	1.691	—
6 h	0.983	0.729	1.212	1.395	—
12 h	1.441	0.199	1.092	0.540	—
靶基因 2	*Glyma*. 08*G* 137100	*Glyma*. 07*G* 211500	*Glyma*. 12*G* 241700	*Glyma*. 20*G* 160900	—
0 h	2.920	1.112	4.732	1.737	—
6 h	1.157	1.024	0.588	0.945	—
12 h	0.956	1.015	0.546	0.561	—

在这 5 个环状 RNA 中,gma_circ_0000287 并未预测到 miRNA 结合位点,其余 4 个环状 RNA 中,gma_circ_0000095 和 gma_circ_0000531 的表达变化与相应 miRNA 呈相反趋势,表明这两个环状 RNA 很可能在干旱胁迫后通过吸附对应 miRNA 从而抑制其表达。因 miRNA 的调控机制十分复杂,其他未与环状 RNA 形成互补趋势的 miRNA 很有可能还被多种因子调控,所以会出现 gma_circ_0000298 和 gma_circ_0000302 这种与其对应 miRNA 表达趋势一致的情况。

miRNA 可以抑制靶基因翻译或直接裂解靶基因,因此,miRNA 与靶基因之间的表达模式不固定。本书初步认定在干旱胁迫下与靶基因表达趋势互补的 miRNA 对靶基因行使了裂解功能,而与 miRNA 表达趋势类似的靶基因,其表达很可能被其他因子调控,或 miRNA 抑制了其翻译。由于植物中 miRNA 主要通过裂解靶 mRNA 行使功能,所以初步认定表 3-8 中与靶基因的表达趋势互补的 *gma-miR*396a-5p 和 *gma-miR*9725 在模拟干旱胁迫下稳定行使了裂解 mRNA 的功能。

3.1.8 干旱胁迫下 gma_circ_0000531 与 *gma-miR*9725 的表达分析

笔者挑选了 gma_circ_0000531 和干旱诱导表达更为显著的 *gma-miR*9725 进行干旱胁迫下的多时间点表达水平分析。如图 3-13 所示,gma_circ_0000531

和 *gma-miR9725* 在干旱胁迫处理下均表现出差异性的表达模式,其中 gma_circ_0000531 在处理 3 h 后相对表达量极显著下降,并在 6 h 时达到最低值;而 *gma-miR9725* 在处理后 3 h 相对表达量明显上升,且在 6 h 时表达量上升到 0 h 的 12.8 倍,达到最高值。二者的表达量变化趋势正好互补,gma_circ_0000531 和 *gma-miR9725* 的碱基互补情况如图 3-14 所示。因此,gma_circ_0000531 是大豆干旱胁迫响应中通过吸附控制 *gma-miR9725* 表达的上游调控因子。推测 gma_circ_0000531 和 *gma-miR9725* 可能与大豆干旱胁迫下的应答过程有关。

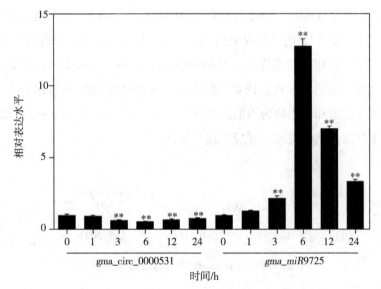

图 3-13　gma_circ_0000531 与 *gma-miR9725* 在干旱胁迫处理下的表达水平分析

gma_circ_0000531　5'-GTGTGGATCTAGAGAGATTGA-3'
gma_miR9725　3'-UACGACUAGGUUUUUUUAAUU-5'

图 3-14　gma_circ_0000531 与 *gma-miR9725* 的互补情况

3.2 *gma-miR9725* 参与大豆干旱胁迫响应分析

3.2.1 *gma-miR9725* 的启动子元件分析

和传统基因一样, *MIR* 基因启动子序列上也包含很多特异性的顺式作用元件, 因此 *MIR* 基因在逆境胁迫下的表达谱也会发生变化。为了分析 *gma-miR9725* 是否参与植物生物胁迫与非生物胁迫响应的调控过程, 笔者选取转录起始位点上游 2.0 kb 的序列提交至 PlantCARE 网站对启动子元件进行分析, 预测到有多种胁迫相关顺式作用元件的存在, 如 ABRE、ARE、LTR、MYB 和 MYC 等典型逆境胁迫响应元件。因此, 推测 *gma-miR9725* 可能参与包括干旱在内的多种生物胁迫和非生物胁迫的应答过程 (图 3-15), 并且 *gma-miR9725* 的表达受到干旱胁迫诱导也侧面呼应了这一推测。

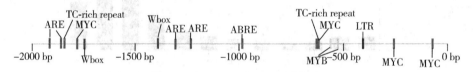

图 3-15 *gma-miR9725* 启动子序列分析

3.2.2 过表达 *gma-miR9725* 大豆发状根的转化与鉴定

3.2.2.1 pCAMBIA3300-gma-miR9725 重组载体的构建

根据 *gma-miR9725* 的前体序列, 在两端加上 *Xba* Ⅰ 和 *Sac* Ⅰ 酶切位点, PCR 扩增目的片段。如图 3-16 所示, 成功扩增出 159 bp 大小的目的条带。将目的条带经胶回收和纯化后, 与 *Xba* Ⅰ、*Sac* Ⅰ 双酶切后的 pCAMBIA3300 载体大片段进行连接, 并转化到大肠杆菌 Trans-T1 感受态细胞中, 经 PCR 鉴定后 (图 3-17) 送到公司进行测序, 测序结果表明克隆序列与目的片段一致。

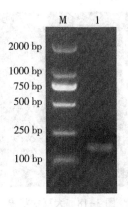

图 3-16 *gma-miR*9725 前体 PCR 扩增产物

注:M. DL2000 DNA Marker;1. *gma-miR*9725 前体的 PCR 产物。

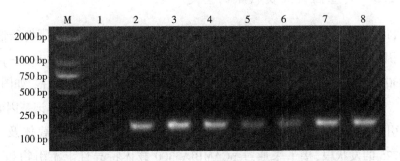

图 3-17 重组表达载体 pCAMBIA3300-gma-miR9725 PCR 鉴定

注:M. DL2000 DNA Marker;1. 阴性对照;2. 阳性对照;3~8. 菌液样品。

3.2.2.2 大豆过表达 *gma-miR*9725 发状根的转化

据报道,通过农杆菌介导法转化大豆可以得到转基因发状根的复合植株,这是一种能够快速验证大豆基因功能的方法,所以笔者利用发根农杆菌 K599 将 pCAMBIA3300-gma-miR9725 重组载体与 pCAMBIA3300 空载体转化进入大豆根部,选择长出大豆发状根的植株进行后续实验(图 3-18)。

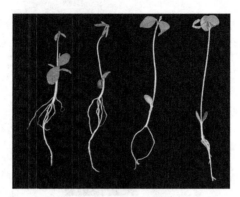

图 3-18　大豆发状根

3.2.2.3　转基因大豆发状根的鉴定

利用 *bar* 快速检测试纸条对大豆发状根进行初步鉴定,出现阳性条带的为转基因发状根 (包括 pCAMBIA3300 空载体对照和 gma-miR9725-pCAMBIA3300 转基因发状根),未出现阳性条带的则为转化失败的发状根,如图 3-19 所示。提取上述阳性的转基因发状根 DNA 进行鉴定,首先通过标记基因 *bar* 特异性引物进行 PCR 检测,扩增出目的条带的样本为转入空载体及 *gma-miR9725* 的发状根,接下来通过 pCAMBIA3300 载体特异性上游引物和 *gma-miR9725* 特异性下游引物对上述样本进行 PCR 检测,扩增出目的条带的样本为 *gma-miR9725* 发状根,无条带的则为空载体发状根对照,如图 3-20 所示。为进一步验证转 *gma-miR9725* 大豆发状根植株是否为阳性植株,笔者对复合植株中 *gma-miR9725* 的表达水平进行分析。如图 3-21 可知,转 *gma-miR9725* 大豆发状根中 *gma-miR9725* 的相对表达量为对照组发状根的 14.7 倍,且差异达到极显著水平($p<0.01$),并且叶片中 *gma-miR9725* 的相对表达量也明显高于空载体对照植株,由此证明得到的过表达 *gma-miR9725* 大豆发状根复合植株确实为阳性植株。

图 3-19 转基因发状根的 *bar* 快速检测试纸条鉴定

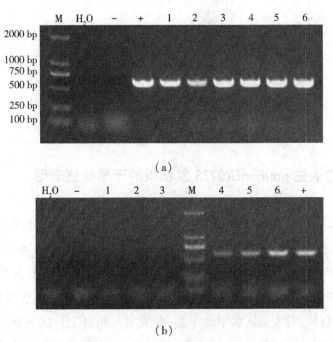

图 3-20 转 *gma-miR*9725 基因发状根的 PCR 鉴定

注:(a) *bar* 的 F,R 引物检测;M. DL2000 DNA Marker;H$_2$O.

空白对照;"−".阴性对照;"+".阳性对照;1-6.

转 pCAMBIA3300 和转 pCAMBIA3300-gma-miR9725 株系样本;

(b) *gma-miR*9725 F,R 引物检测;M. DL2000 DNA Marker;H$_2$O.

空白对照;"−".阴性对照;"+".阳性对照;1~3.pCAMBIA3300 空载体株系样本;

4~6:pCAMBIA3300-gma-miR9725 株系样本。

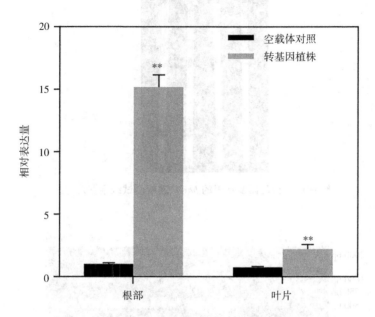

图 3-21　大豆发状根植株中 *gma-miR9725* 的表达水平

3.2.3　过表达 *gma-miR9725* 发状根的干旱敏感表型

对 *gma-miR9725* 转基因发状根大豆复合植株进行干旱处理,空载体植株(pCAMBIA3300)作为对照,停止浇水 7 d 后,再复水恢复 3 d。如图 3-22 所示,正常条件下,干旱处理后对照组与转 *gma-miR9725* 植株的生长都受到抑制,但对照组植株生长状态略好于转基因植株,复水后对照组植株的恢复情况也要强于转基因植株。对大豆发状根的干重、存活率及相对生长速率进行统计分析,发现干旱处理后,与转 *gma-miR9725* 植株相比,对照组植株的存活率增加了 61%;与对照组植株相比,转 *gma-miR9725* 植株的干重与相对生长速率分别降低了 18% 和 37%,且达到极显著水平 ($p<0.01$),如图 3-23 所示。以上结果表明,*gma-miR9725* 可以增强大豆对干旱的敏感性。

pCAMBIA3300　　*gma−miR*9725
干旱处理前

pCAMBIA3300　　*gma−miR*9725
干旱处理后

pCAMBIA3300　　*gma−miR*9725
恢复后

图 3-22　干旱处理下过表达 *gma−miR*9725 发状根大豆植株表型

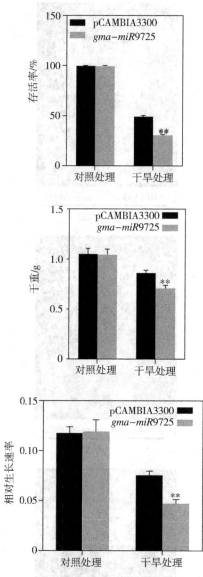

图 3-23　干旱处理下发状根大豆植株的存活率、干重与相对生长速率

3.2.4　过表达 *gma-miR9725* 发状根的 ABA 处理表型

ABA 信号通路是植物体内的一种重要信号途径, 为了分析 *gma-miR9725* 赋予大豆干旱敏感性的过程是否涉及 ABA 信号通路, 本书对过表达 *gma-*

*miR*9725 发状根大豆复合植株进行了 ABA 处理。在对照条件下,对照组植株与过表达 *gma-miR*9725 发状根植株都能正常生长,在 ABA 处理下,二者的生长都受到了明显抑制,但对照组植株受到了更为明显的抑制 (图 3-24)。如图 3-25 所示,在对照条件下,过表达 *gma-miR*9725 发状根植株与对照组植株相比,干重和相对生长速率均无差异,但在 ABA 处理后,过表达 *gma-miR*9725 发状根植株的干重与对照组植株相比增加了 29%,且相对生长速率也较对照组植株增加 48%,均达到了极显著水平($p<0.01$)。由此可知,*gma-miR*9725 减弱了大豆的 ABA 敏感性。

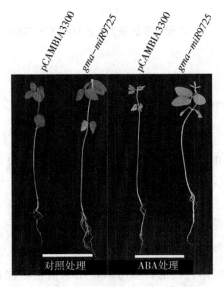

图 3-24 ABA 处理下发状根大豆植株表型

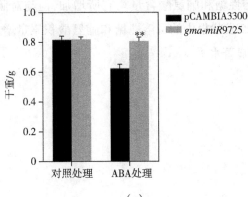

(a)

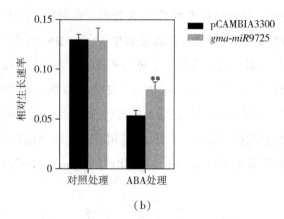

(b)

图 3-25　ABA 处理下发状根大豆植株的干重与相对生长速率

3.2.5　过表达 *gma-miR9725* 发状根体内胁迫相关的生理指标变化

3.2.5.1　干旱处理下过表达 *gma-miR9725* 发状根可溶性糖与脯氨酸含量变化

在干旱胁迫下,植物细胞通过合成和积累一些小分子有机化合物,如可溶性糖、脯氨酸等渗透调节物质来维持水分平衡和膨压,减轻干旱胁迫带来的伤害。因此,脯氨酸和可溶性糖的含量可以被用来衡量植物在干旱胁迫下对不利环境条件的适应能力。如图 3-26 所示,在正常条件下,对照组发状根与过表达 *gma-miR9725* 发状根的可溶性糖和脯氨酸含量无明显差异;在干旱处理下,两种植株发状根的可溶性糖和脯氨酸含量均有所增加,但与对照组发状根相比,过表达 *gma-miR9725* 发状根中的可溶性糖和脯氨酸积累量增加程度分别降低26%和17%,且达到显著水平。

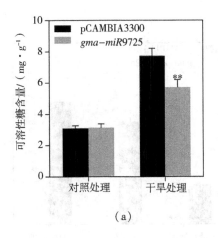

（a）

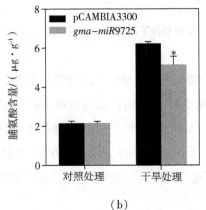

（b）

图 3-26　干旱处理下大豆发状根中的可溶性糖和脯氨酸含量

3.2.5.2　胁迫处理下过表达 *gma-miR9725* 发状根的抗氧化性分析

ABA 和干旱胁迫会使植物体内迅速积累活性氧，如不能及时清除则会破坏细胞膜系统，从而对植物造成伤害。为分析 *gma-miR9725* 发状根对干旱敏感而对 ABA 不敏感的机制，笔者对干旱胁迫与 ABA 处理下过表达 *gma-miR9725* 发状根中的 H_2O_2 含量进行了测定。结果表明，干旱和 ABA 处理后，对照组与过表达 *gma-miR9725* 植株的发状根中 H_2O_2 含量均有所提高；干旱处理后对照组发状根中的 H_2O_2 含量低于过表达 *gma-miR9725* 发状根 43%，ABA 处理后对照组发状根中的 H_2O_2 量低于过表达 *gma-miR9725* 发状根 24%，且均达到极显著水平（$p < 0.01$），如图 3-27 所示。

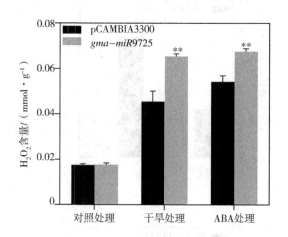

图 3-27　胁迫条件下转基因发状根中的 H_2O_2 含量

对发状根中的超氧化物歧化酶（SOD）活性进行分析，如图 3-28 所示，过表达 gma-miR9725 发状根中的 SOD 活性相对较低，在干旱处理和 ABA 处理后分别低于对照组发状根 51% 和 43%，且均达到极显著水平（$p < 0.01$），这与其更高的活性氧含量相一致。上述结果表明，gma-miR9725 在胁迫后降低了大豆根中的氧化酶活性，从而导致其无法及时清除环境胁迫引起的活性氧积累，最终使其抗逆性降低。

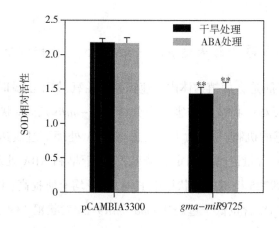

图 3-28　胁迫条件下转基因发状根中的 SOD 相对活性

3.2.6 干旱处理下过表达 *gma-miR9725* 发状根的基因表达分析

通过对干旱处理下过表达 *gma-miR9725* 发状根的表型分析与生理指标分析,笔者发现 *gma-miR9725* 的过表达可以提高大豆对于干旱的敏感性。为了进一步了解 *gma-miR9725* 参与大豆干旱响应的分子机制,笔者选取了几个与大豆抗旱相关的标记基因进行表达水平分析,其中包括一个 ABA 非依赖性信号途径基因 *GmERD*1,四个依赖 ABA 信号途径的基因 *GmABI3*、*GmABI5*、*GmRD*20 和 *GmRD*22,以及一个参与脯氨酸合成的基因 *GmP5CS*。如图 3-29 所示,干旱处理下,*GmABI3* 和 *GmABI5* 基因在对照组发状根中均上调表达,但在 *gma-miR9725* 发状根中下调表达。干旱处理下,在对照组与过表达 *gma-miR9725* 发状根中,其他四个基因的相对表达量都被上调;在过表达 *gma-miR9725* 发状根中 *GmRD*20 和 *GmRD*22 的上调程度分别低于对照发状根 40% 和 25%,并且对照组发状根中 *GmERD*1 和 *GmP5CS* 的相对表达量分别是过表达 *gma-miR9725* 发状根的 3 倍和 2.3 倍,且均达到了极显著水平($p < 0.01$)。

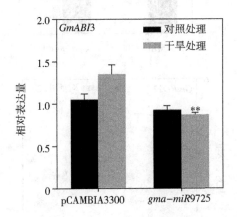

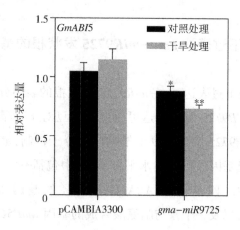

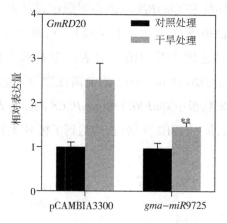

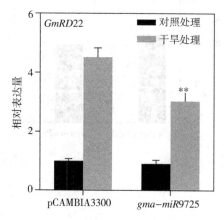

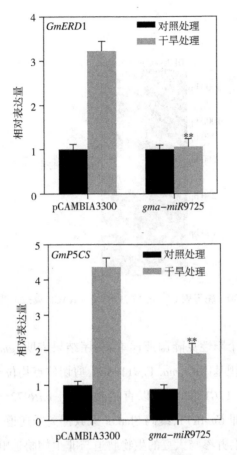

图 3-29　干旱处理下转基因发状根中胁迫相关基因的表达水平分析

3.2.7　*gma-miR9725* 靶基因的验证及序列分析

3.2.7.1　*gma-miR9725* 靶基因的 5′RACE 验证

上文初步判定 *Glyma.* 17*G*118300 和 *Glyma.* 07*G*211500 为 *gma-miR9725* 的两个靶基因,且在干旱处理下相对表达量均呈下调趋势。为了鉴定 *gma-miR9725* 是否能在大豆体内切割这两个靶基因,笔者通过 5′RACE 实验对 *gma-miR9725* 与靶基因 mRNA 的结合位点进行了分析。根据预测的靶基因序列设计特异性引物进行两轮巢式 PCR 后,如图 3-30 所示,靶基因 *Glyma.* 17*G*118300 的引物成功扩增出目的片段,将其连接到 T 载体上,转入大肠杆菌后选取阳性菌液进行测序鉴定。

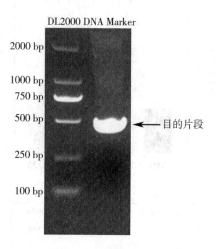

图 3-30 **靶基因** *Glyma.* 17*G*118300 5′RACE **巢式 PCR 产物**

一共选取了 8 个阳性克隆菌液样本,测序结果表明,*gma-miR*9725 可以在大豆体内直接剪切靶基因 *Glyma.* 17*G*118300,剪切位点均位于互补区内,证实了在大豆体内 *Glyma.* 17*G*118300 可以直接被 *gma-miR*9725 调控 (图 3-31)。*Glyma.* 17*G*118300 即 *GmAKT*1,编码 Shaker 家族钾离子通道蛋白,极有可能介导植物根部的 K⁺ 吸收,并参与大豆的生物胁迫与非生物胁迫响应。

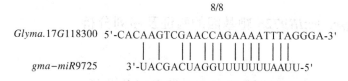

图 3-31 **5′RACE 实验验证** *gma-miR*9725 **靶基因**

3.2.7.2 靶基因 *GmAKT*1 在 *gma-miR*9725 转基因发状根中的表达水平

与此同时,为了进一步验证 *gma-miR*9725 对 *GmAKT*1 的裂解作用,本书在过表达 *gma-miR*9725 大豆发状根中对 *GmAKT*1 基因的表达水平进行了分析。

如图 3-32 所示,在正常条件和干旱处理下,*GmAKT*1 在过表达 *gma-miR*9725 大豆发状根中均被下调 48%,且达到极显著水平(*p*<0.01)。

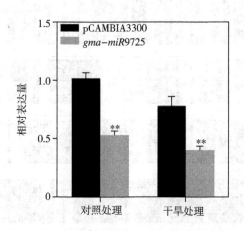

图 3-32　在对照和干旱处理下 *GmAKT*1 在 *gma-miR*9725 转基因大豆发状根中的表达水平

3.2.7.3　靶基因 *GmAKT*1 的序列分析

Shaker 家族钾离子通道蛋白 GmAKT1（Glyma. 17G118300）的 CDS 序列包含 2 628 个碱基,编码 875 个氨基酸,通过 ProtParam 软件预测分子量为 98.14 kDa,理论等电点为 7.09。通过氨基酸序列比对发现,GmAKT1 具有 Shaker 家族钾离子通道蛋白的基本结构特征,包括典型的 6 个跨膜区（S1~S6）,第 5 和第 6 跨膜区由环状结构（P-loop）连接,环状结构中特异的 TxxTxGYGD 使钾离子通道具有较高的 K⁺选择性,C 末端包含环核苷酸结合域（CNBD）、锚定蛋白结构域（ANK）和亲水 C 末端结构域（KHA）,如图 3-33 所示。GmAKT1 与其他物种中的钾离子通道蛋白在结构上具有极高的相似性,表明这些蛋白可能在植物体内行使相似的生物功能,尤其是可能介导植物根部的钾离子吸收,并参与大豆的生物胁迫与非生物胁迫响应。

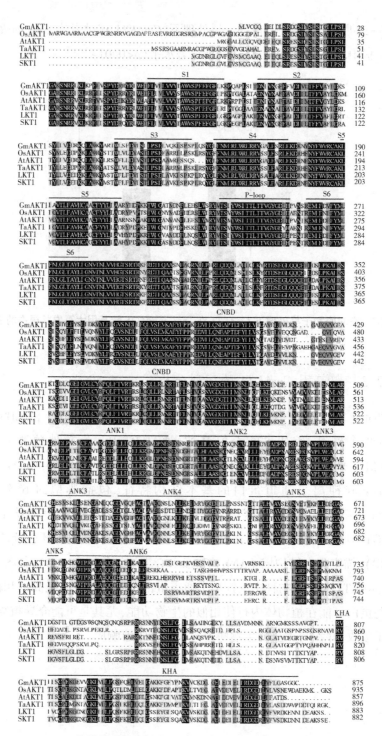

图 3-33　GmAKT1 与其他高度同源的 AKT1 型钾离子通道蛋白的氨基酸序列比对

3.3 大豆 *GmAKT*1 基因参与植物逆境胁迫响应的研究

3.3.1 大豆 *GmAKT*1 基因在逆境胁迫下的表达模式分析

3.3.1.1 大豆 *GmAKT*1 基因在干旱和 ABA 胁迫的表达模式

*gma-miR*9725 在干旱胁迫下上调表达,且对干旱的响应涉及 ABA 通路,因此笔者对其靶基因 *GmAKT*1 在干旱胁迫与 ABA 处理下的表达模式进行了分析,并与 *gma-miR*9725 进行对比。如图 3-34 所示,大豆 *GmAKT*1 基因在干旱胁迫处理下表现出差异性的表达模式,从 3 h 开始随着处理时间的增加相对表达量呈显著下降趋势;在 ABA 处理下,*GmAKT*1 的相对表达量显著上调,并在 12 h 达到最高值。*gma-miR*9725 与 *GmAKT*1 在干旱胁迫和 ABA 处理下的表达模式呈现相反趋势,基本满足互补裂解关系。

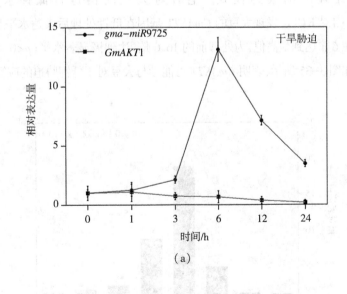

（a）

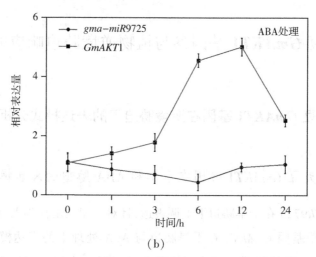

(b)

图 3-34 *gma-miR*9725 与 *GmAKT*1 在干旱胁迫和 ABA 处理下的表达模式分析

3.3.1.2 大豆 *GmAKT*1 基因在低钾处理下的表达模式

由于 GmAKT1 是大豆中的钾离子通道蛋白,因此本书也分析了 *GmAKT*1 基因在低钾处理下的表达模式。笔者对大豆幼苗进行低钾水培处理 (0.1 mmol·L^{-1} KCl),发现大豆的 *GmAKT*1 基因在低钾处理后表达水平呈显著上升趋势,并在 6 h 达到最高值,为处理前的 16.6 倍,达到极显著水平($p<0.01$),随后逐渐降低,如图 3-35 所示,表明 *GmAKT*1 可能参与大豆对于低钾胁迫的应答过程。

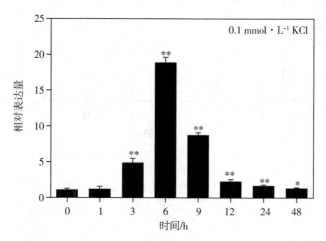

图 3-35 *GmAKT*1 在低钾 (0.1 mmol·L^{-1} KCl) 处理下的表达模式分析

3.3.1.3 大豆 *GmAKT*1 基因在盐处理下的表达模式

钾吸收对植物的抗盐性十分重要,因此本书为探究 *GmAKT*1 基因是否参与大豆对于盐胁迫的应答过程,对不同浓度 NaCl 处理下 *GmAKT*1 基因在根茎叶中的表达水平进行了检测。与 0 mmol · L^{-1} 相比,100 mmol · L^{-1},200 mmol · L^{-1},300 mmol · L^{-1}, 400 mmol · L^{-1} 和 500 mmol · L^{-1} NaCl 处理下,*GmAKT*1 的相对表达量在各个组织中均显著增加,且在 200 mmol · L^{-1} NaCl 处理下根中相对表达量最高,是对照条件下根中的 6.3 倍,如图 3-36 所示。此外,不同浓度 NaCl 处理下 *GmAKT*1 基因在不同组织中的相对表达量呈现特异表达模式,即根>叶>茎。由此可知,*GmAKT*1 基因的表达受到 NaCl 处理的调节,且在根中相对表达量最高。

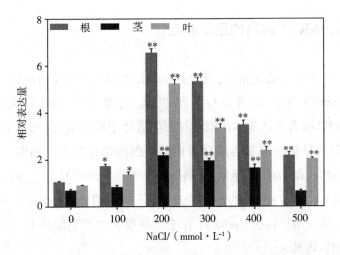

图 3-36 不同浓度 NaCl 处理下 *GmAKT*1 在大豆组织中的表达模式分析

为进一步分析 *GmAKT*1 基因在盐处理下的表达模式,笔者对大豆幼苗进行 200 mmol · L^{-1} 的 NaCl 处理,发现大豆根中 *GmAKT*1 的相对表达量在处理 3 h 后极显著增加,并在 6 h 达到最高水平,为处理前的 35.7 倍,达到极显著水平($p<0.01$),如图 3-37 所示,表明 *GmAKT*1 可能参与大豆对于盐胁迫的应答过程。

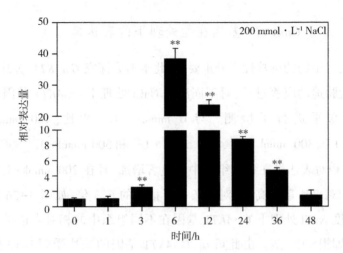

图 3-37　200 mmol · L⁻¹ NaCl 处理下 *GmAKT*1 基因在根部的表达模式分析

3.3.2　GmAKT1 蛋白的亚细胞定位

作为一个钾离子通道蛋白,理论上 GmAKT1 应该定位于细胞膜上。为了验证大豆 GmAKT1 蛋白是否定位于细胞膜,笔者采用 PEG 转化法使 35S:GmAKT1-YFP 融合表达载体在拟南芥原生质体中瞬时表达,光下培养 16 h 后在激光共聚焦显微镜下观察融合蛋白的亚细胞定位情况。如图 3-38 所示,YFP 对照载体在细胞膜、细胞质、细胞核中都能观察到明显荧光,但只能在细胞膜上观察到 GmAKT1-YFP 的黄色荧光,表明 GmAKT1 是一个定位于细胞质膜的蛋白质。这一结果说明 GmAKT1 位于大豆根部的细胞质膜上介导环境中的 K⁺向根部细胞内转运。

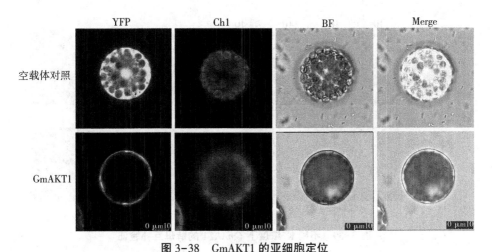

图 3-38 GmAKT1 的亚细胞定位

注：YFP. 黄色荧光信号；Chl. 叶绿体自发荧光信号；BF. 明场；Merge. 合并。

3.3.3 酵母中 *GmAKT*1 的钾吸收功能验证

钾营养吸收缺陷型酵母菌株 R5421（*trk1Δ*, *trk2Δ*）缺失两个钾转运蛋白 TRK1 和 TRK2，是研究钾离子通道和钾转运体功能时常用的异源系统。为验证 *GmAKT*1 在酵母体系中的钾吸收功能，笔者将 *GmAKT*1 构建到酵母表达载体 pYES2 中，再转入 R5421 酵母菌中，同时 pYES2 空载体作为对照也转入了 R5421 酵母菌株中，并观察在含有不同浓度 K$^+$ 的 AP 培养基上酵母菌斑的生长情况。如图 3-39 所示，转入 *GmAKT*1 和空载体 pYES2 的 R5421 酵母菌株在 50 mmol·L^{-1} K$^+$浓度下均能正常生长，但转入空载体的 R5421 菌株在 1 mmol·L^{-1} 及以下 K$^+$浓度的 AP 培养基上无法生长，转入 *GmAKT*1 的 R5421 酵母突变菌株却能够恢复生长。进一步实验表明，在低钾 AP 培养基中，*GmAKT*1 的过表达明显促进了酵母的生长，如图 3-40 所示。以上表明 *GmAKT*1 可能介导低钾条件下的钾吸收，并恢复了 R5421 酵母突变菌株的钾营养吸收缺陷表型。

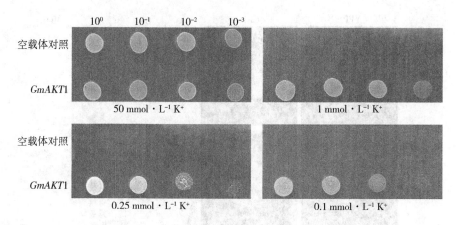

图 3-39　不同 K^+ 浓度下 *GmAKT*1 的酵母互补验证

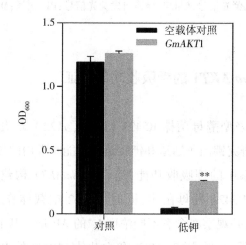

图 3-40　低钾条件下过表达 *GmAKT*1 的酵母生长分析

3.3.4　转 *GmAKT*1 基因材料的获得与鉴定

3.3.4.1　*GmAKT*1 过表达载体的构建

为获得植物重组表达载体 pCAMBIA3300-GmAKT1，以大豆叶片 cDNA 为模板，PCR 扩增得到 *GmAKT*1 基因全长编码序列，长度为 2 628 bp（图 3-41）。提取 pCAMBIA3300 空载体菌液质粒，并用 *Xba* Ⅰ、*Sac* Ⅰ 对其进行双酶切，通过

　　无缝连接将 *GmAKT*1 基因片段与 pCAMBIA3300 载体大片段进行连接,通过热激法转化入大肠杆菌 Trans-T1 感受态细胞中,涂布抗性平板后挑取单斑进行活化,PCR 扩增鉴定后得到阳性菌液(图 3-42),送至公司测序进行验证,测序正确证明成功获得 pCAMBIA3300-GmAKT1 表达载体,载体结构如图 3-43 示。

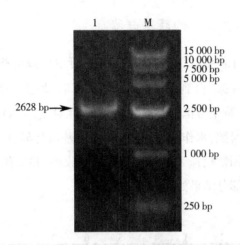

图 3-41　*GmAKT*1 基因克隆产物

注:M. DL15000 DNA Marker;1. *GmAKT*1 的 PCR 产物。

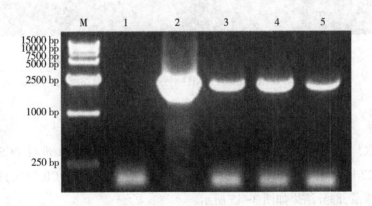

图 3-42　pCAMBIA3300-GmAKT1 植物重组表达载体大肠杆菌 PCR 鉴定

注:M. DL15000 DNA Marker;1. 阴性对照;2. 阳性对照;3~5. 菌液样品。

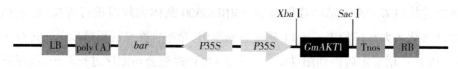

图 3-43　pCAMBIA3300-GmAKT1 植物重组表达载体结构示意图

3.3.4.2　转基因拟南芥的获得与鉴定

利用农杆菌花序侵染法,对 *akt*1 突变体及野生型拟南芥进行转化,并对 T_0 代种子进行 PPT 筛选,得到具有抗性的拟南芥幼苗。提取抗性的过表达 *GmAKT*1 幼苗 DNA,野生型拟南芥 DNA 作为阴性对照,pCAMBIA3300-GmAKT1 菌液质粒作为阳性对照,水作为空白对照,利用基因特异性引物对其进行 PCR 鉴定,共得到 25 株阳性植株。将阳性植株进行收种,并每代进行 PCR 鉴定,得到 T_3 代纯合株系,部分结果如图 3-44 所示。

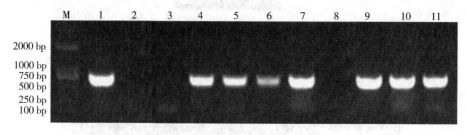

图 3-44　野生型中过表达 *GmAKT*1 拟南芥的 PCR 鉴定

注:M. DL2000 DNA Marker;1.阳性对照;2.阴性对照;3.空白对照;

4~11. PPT 筛选得到的转基因拟南芥。

提取具有 PPT 抗性的 T_0 代 *akt*1 突变体恢复型幼苗 DNA 进行 PCR 鉴定,共得到 27 株阳性植株。将阳性植株进行收种,并每代进行 PCR 鉴定,得到 T_3 代纯合株系,部分结果如图 3-45 所示。

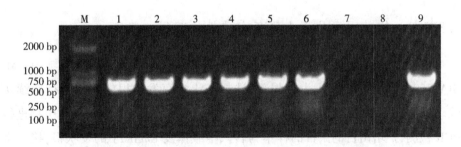

图 3-45 *akt*1 突变体中过表达 *GmAKT*1 拟南芥的 PCR 鉴定

注:M. DL2000 DNA Marker;1~6. PPT 筛选得到的转基因拟南芥;

7. 空白对照;8. 阴性对照;9. 阳性对照。

为了进一步分析转基因拟南芥中 *GmAKT*1 的表达情况,分别提取野生型、*akt*1 突变体、过表达型及恢复型拟南芥的总 RNA,反转录得到 cDNA 后,*AtActin*8 作为内参基因,利用特异性引物对其进行实时荧光定量 PCR 验证。由图 3-46 可知,相比于野生型与 *akt*1 突变体拟南芥,*GmAKT*1 的转录本丰度在过表达型 株系和恢复型株系中均不同程度地上调表达,因此选取相对表达量更高的过表 达型株系 1、2 和恢复型株系 1、2 进行后续的功能分析。

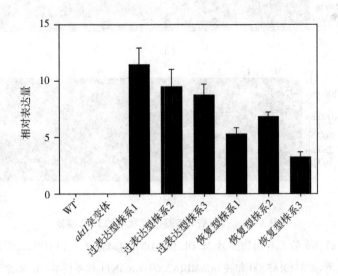

图 3-46 转基因拟南芥中 *GmAKT*1 的表达水平分析

3.3.4.3 转基因发状根大豆复合植株的获得与鉴定

利用发根农杆菌 K599 将 pCAMBIA3300－GmAKT1 重组载体与 pCAM-BIA3300 空载体转化进入大豆根部,选择长出大豆发状根的植株进行后续实验。提取转基因发状根 DNA 进行鉴定,首先通过标记基因 bar 特异性引物进行 PCR 检测,扩增出目的条带的样本为转入空载体及 GmAKT1 的发状根,接下来通过 pCAMBIA3300 载体特异性上游引物和 GmAKT1 特异性下游引物对上述样本进行 PCR 检测,扩增出目的条带的样本为 GmAKT1 发状根,无条带扩增的则为空载体发状根(图 3-47)。为进一步验证转 GmAKT1 大豆发状根植株是否为阳性植株,笔者对复合植株中 GmAKT1 的表达水平进行分析。从图 3-48 可知,转 GmAKT1 的大豆发状根中 GmAKT1 的相对表达量显著高于空载体对照植株,根中 GmAKT1 的相对表达量相较于空载体对照植株明显上调,由此证明了得到的过表达 GmAKT1 大豆发状根复合植株确实为阳性植株。

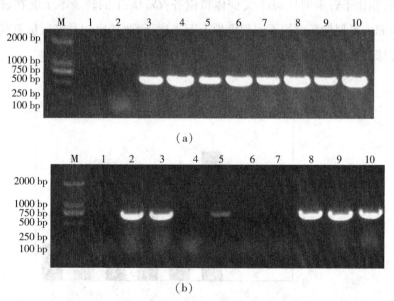

图 3-47 GmAKT1 转基因发状根的 PCR 鉴定

注:图(a):bar 的 F,R 引物检测;M. DL2000 DNA Marker;1. 空白对照;2. 阴性对照;
　　3~9. 转 pCAMBIA3300 和转 pCAMBIA3300-GmAKT1 株系样本;10. 阳性对照;
　　图(b):GmAKT1 的 F, R 引物检测;M. DL2000 DNA Marker;1. 空白对照;
　　2~9. 转 pCAMBIA3300 和转 pCAMBIA3300-GmAKT1 株系样本;10. 阳性对照。

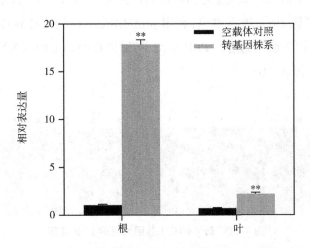

图 3-48 *GmAKT*1 过表达发状根大豆植株中 *GmAKT*1 的表达水平

3.3.4.4 转基因大豆的获得与鉴定

利用子叶节转化法得到转 *GmAKT*1 基因 T_0 代大豆,用 PPT 初步进行筛选后,通过 *bar* 快速检测试纸条对其进行鉴定,具有阳性条带的则初步认定是转基因大豆,如图 3-49 所示。

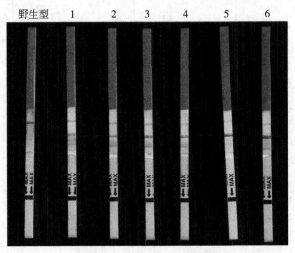

图 3-49 转基因大豆的 bar 快速检测试纸条鉴定

注:1~6.阳性转基因植株。

将 *bar* 快速检测试纸条鉴定为阳性的植株进行 PCR 鉴定,提取出现阳性条带的转基因植株 DNA 进行鉴定,利用 pCAMBIA3300 载体特异性上游引物和 *GmAKT*1 特异性下游引物进行 PCR 检测,扩增出目的条带的则为转 *GmAKT*1 基因大豆植株 (图 3-50)。

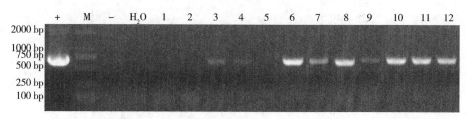

图 3-50　转 *GmAKT*1 基因大豆的 PCR 鉴定

注:M. DL2000 DNA Marker;+. 阳性对照;-. 阴性对照;H_2O. 空白对照;1～12.大豆样本。

在持续筛选鉴定得到的 T_3 代纯合且稳定遗传的大豆中挑选 3 个株系进行后续的实验。实时荧光定量 PCR 结果表明,转基因大豆中 *GmAKT*1 的表达水平极显著高于野生型($p<0.01$),图 3-51 所示。

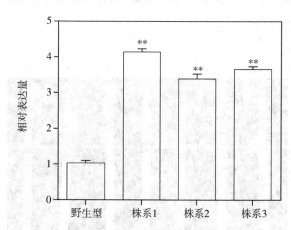

图 3-51　*GmAKT*1 在转基因大豆中的表达水平

3.3.5　转 *GmAKT*1 基因植株参与干旱胁迫分析

3.3.5.1　转 *GmAKT*1 基因发状根大豆复合植株的干旱胁迫分析

对转 *GmAKT*1 基因发状根大豆复合植株进行干旱处理,空载体植株 (pCAMBIA3300) 作为对照,停止浇水 7 d 后,再复水恢复 3 d。如图 3-52 所示, 干旱处理后空载体与转 *GmAKT*1 基因植株生长都受到抑制,但转 *GmAKT*1 基因 植株生长状态明显好于对照植株,复水后转 *GmAKT*1 基因植株的恢复情况较 好,而对照植株的恢复能力则很弱。对大豆发状根的干重、存活率及相对生长 速率进行统计分析,发现干旱处理后,转 *GmAKT*1 基因植株的存活率明显高于 对照植株;转 *GmAKT*1 基因植株的干重与相对生长速率均明显高于对照植株, 如图 3-53 所示。以上结果表明,*GmAKT*1 可以增强大豆的抗旱性。

pCAMBIA3300　　*GmAKT*1

干旱处理前

图 3-52　干旱处理下过表达 *GmAKT*1 发状根大豆植株表型

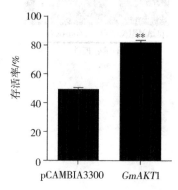

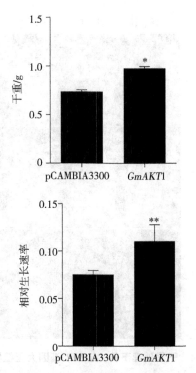

图 3-53　干旱处理下空载体对照植株和过表达 *GmAKT*1 发状根
大豆植株的存活率、干重与相对生长速率

3.3.5.2　转 *GmAKT*1 基因大豆的干旱胁迫分析

对转 *GmAKT*1 基因大豆进行干旱处理,干旱处理后野生型与转基因株系的生长都受到了抑制,但野生型受到的抑制更为严重,复水后转基因植株的恢复情况较好,而野生型的恢复能力则很弱,如图 3-54 所示。干旱处理后,野生型大豆的存活率仅为 39.7%,而转基因大豆的存活率高达 80.1%~82.6%,干重与相对生长速率也分别比野生型大豆高出 33.5% 和 40.1%,且均达到极显著水平($p<0.01$),如图 3-55 所示。以上结果表明,*GmAKT*1 可以增强大豆植株的抗旱性。

图 3-54 干旱处理下转 *GmAKT*1 基因大豆植株表型

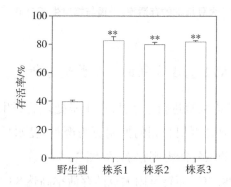

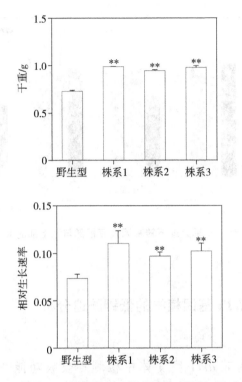

图 3-55 干旱处理下转基因大豆的存活率、干重与相对生长速率

由于 GmAKT1 的钾离子通道特性,其很可能通过介导 K^+ 的吸收来调控大豆对干旱的响应,因此笔者测定了干旱胁迫下转基因大豆的 K^+ 含量。如图 3-56 所示,干旱处理后,野生型和转基因大豆的根部与地上部的 K^+ 含量都有所降低,但转基因株系根部和地上部中 K^+ 含量都高于野生型,分别高出 21.3% 和 16.0%,且均达到了显著水平。

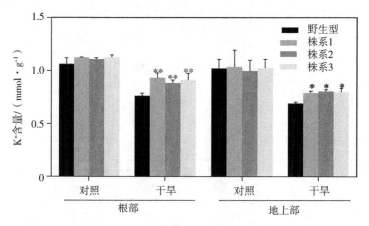

图 3-56　干旱处理下转基因大豆根部与地上部的 K$^+$ 含量

3.3.6　转 *GmAKT*1 基因植株的低钾胁迫分析

3.3.6.1　在拟南芥 *akt*1 突变体中检测钾吸收功能

　　AKT1 是一个 K$^+$ 内向整流的转运蛋白,在拟南芥根系对 K$^+$ 的吸收中起关键作用,拟南芥 *akt*1 突变体对低钾条件十分敏感,在低钾培养基上无法正常吸收 K$^+$,从而影响到其生长。为了研究 GmAKT1 是否行使与 AtAKT1 相似的功能,笔者对野生型、*akt*1 突变体及恢复型株系拟南芥进行低钾(0.1 mmol·L^{-1} K$^+$)处理,并对其表型进行观察。如图 3-57 所示,在正常 MS 培养基中,拟南芥的生长状态在野生型、*akt*1 突变体与恢复型株系之间并无明显差异,但经低钾处理后,*akt*1 突变体叶片明显枯黄,而恢复型株系则生长状态更为良好。在正常条件下,*akt*1 突变体拟南芥根部和地上部的 K$^+$ 含量均出现明显减少,而恢复型株系中的 K$^+$ 含量则明显高于 *akt*1 突变体;在低钾处理后,恢复型株系根部的 K$^+$ 含量比野生型与突变体分别高出 31.1% 和 36.6%,达到了极显著水平($p<0.01$),如图 3-58 所示。结果表明 *GmAKT*1 的过表达能够弥补 *akt*1 突变体的钾吸收缺陷,证明了 *GmAKT*1 能够介导低钾条件下植物根部的 K$^+$ 吸收。

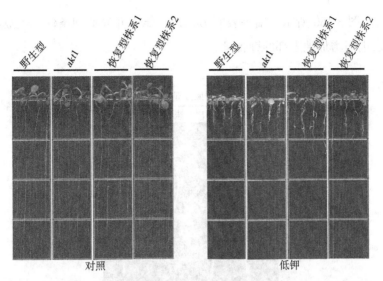

图 3-57　野生型、*akt*1 突变体和恢复型株系拟南芥在低钾条件下的表型

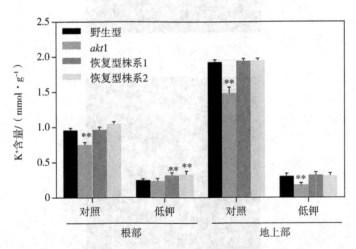

图 3-58　低钾处理下野生型、*akt*1 突变体和恢复型株系拟南芥的 K$^+$ 含量

3.3.6.2　转 GmAKT1 基因大豆的低钾胁迫分析

对照条件下,野生型与转 GmAKT1 基因大豆均能正常生长,无明显差异,但在低钾处理下,野生型大豆叶片明显枯黄,而转 GmAKT1 基因大豆生长状态良好,如图 3-59 所示。此外,在低钾处理下,转 GmAKT1 基因大豆无论是根部还是地上部,K$^+$ 含量都极显著高于野生型大豆($p < 0.01$),分别高出 21.3% 和

17.0%,如图 3-60 所示。结果表明 *GmAKT*1 能够介导低钾条件下大豆根部的 K⁺吸收,进而增加地上部的钾含量。

图 3-59　转 *GmAKT*1 基因大豆在低钾条件下的表型

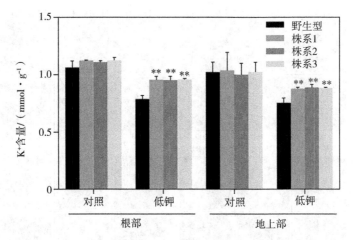

图 3-60　低钾处理下转 *GmAKT*1 基因大豆根部与地上部的 K$^+$ 含量

3.3.7　转 *GmAKT*1 基因植株参与盐胁迫的功能分析

3.3.7.1　转 *GmAKT*1 基因拟南芥的盐胁迫分析

AKT1 型钾离子通道多参与对植物钾吸收的调节,在很多高等植物中能够提高植物的耐盐能力,并且通过上文的定量水平分析,发现在 NaCl 处理下大豆 *GmAKT*1 基因的表达水平显著上调,所以大豆 *GmAKT*1 很有可能参与大豆对盐胁迫的应答过程,所以本书对 *GmAKT*1 参与植物盐胁迫的响应进行了分析。

如图 3-61 所示,拟南芥播种 4 天后,在不添加 NaCl 的 MS 培养基上,野生型、*akt*1 突变体、过表达型及恢复型株系的萌发情况并无差异,但随着 NaCl 浓度的增加,野生型与 *akt*1 突变体拟南芥种子的萌发受到了更为明显的抑制。在 150 mmol · L^{-1} NaCl 的处理下,82%~84%和77%~80%的过表达型和恢复型拟南芥种子分别完成了萌发,而野生型及 *akt*1 突变体的萌发率仅为 70%及 64%。

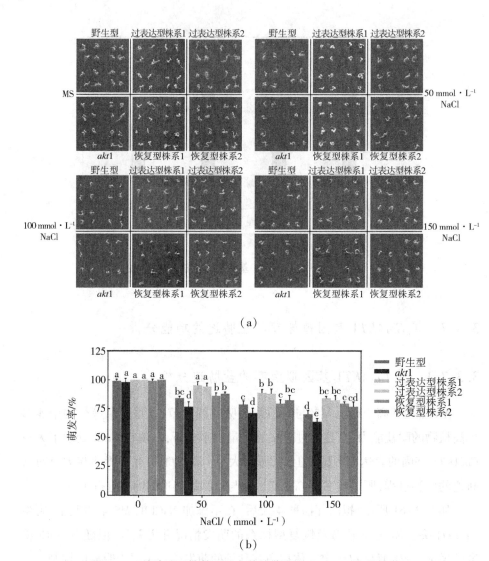

图 3-61 盐胁迫下转基因拟南芥的萌发率（Duncan 多重检验）

如图 3-62 所示,拟南芥最终的存活情况也呈现出与萌发一致的趋势,将拟南芥种子播种,添加 0~150 mmol·L⁻¹ NaCl 的 MS 培养基两周后,观察各株系拟南芥的存活情况。在 150 mmol·L⁻¹ NaCl 的处理下,过表达型和恢复型株系存活率达到了 40%和 35%,而野生型及突变体的存活率仅有 31%和 21%。

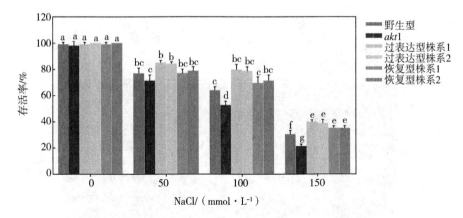

图 3-62　盐胁迫下转基因拟南芥的存活率（Duncan 多重检验）

　　不同浓度 NaCl 处理下,观察各株系拟南芥的根部生长情况。将正常 MS 培养基上垂直生长 4 天的拟南芥幼苗移至添加 0~150 mmol·L^{-1} NaCl 的培养基上继续垂直培养,7 天后对其根长、鲜重和干重进行测定。如图 3-63 所示,随着 NaCl 浓度的增加,akt1 突变体的根长受到的抑制相比于野生型拟南芥更为明显。在 100 mmol·L^{-1} NaCl 处理下,过表达型拟南芥的根长比野生型高出 19.6%,恢复型根长比 akt1 突变体高出 60.5%,均达到了显著水平($p < 0.05$)。在 100 mmol·L^{-1} NaCl 处理下,野生型与恢复型拟南芥的鲜重比 akt1 突变体分别高出 36.1% 和 38.4%,达到显著水平($p < 0.05$);100 mmol·L^{-1} NaCl 处理下,野生型与恢复型拟南芥的干重比 akt1 突变体分别高出 16.7% 和 25.6%,且过表达型拟南芥干重比野生型高出 37.9%,均达到显著水平($p < 0.05$);在正常条件下,野生型、akt1 突变体、过表达型与恢复型拟南芥的根长、鲜重和干重均无明显差异,如图 3-63 和图 3-64 所示。

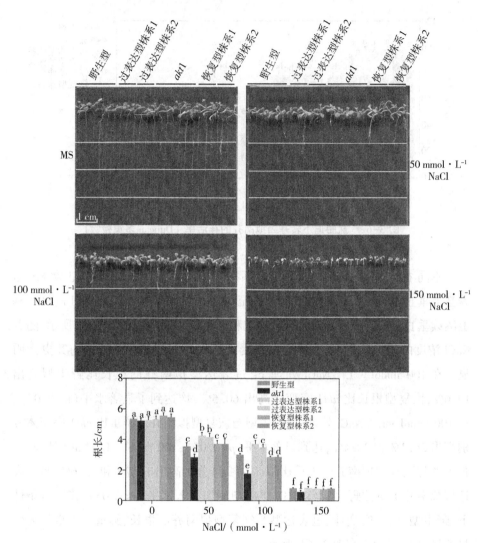

图 3-63　盐胁迫下转基因拟南芥的根长（Duncan 多重检验）

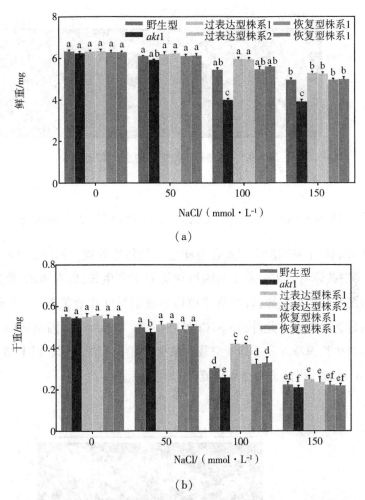

图 3-64 盐胁迫下转基因拟南芥的鲜重与干重（Duncan 多重检验）

为了研究 *GmAKT*1 的过表达能否同样影响成株期拟南芥的耐盐能力，笔者对成苗期拟南芥幼苗用 200 mmol·L⁻¹ NaCl 溶液浇灌后观察其生长情况。如图 3-65 所示，正常情况下，野生型、*akt*1 突变体与过表达型拟南芥的生长没有明显差异；在 200 mmol·L⁻¹ NaCl 处理下，野生型和 *akt*1 突变体拟南芥的生长受到更为显著的抑制，叶片枯黄萎蔫，而过表达型株系的生长状况更为良好。

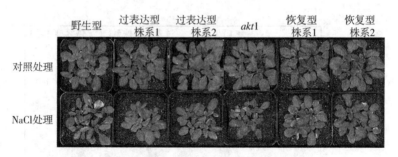

图 3-65   盐胁迫下拟南芥的生长情况

3.3.7.2   转 *GmAKT*1 基因发状根大豆复合植株的盐胁迫分析

对转 *GmAKT*1 基因发状根复合植株进行盐胁迫处理。如图 3-66 所示,正常条件下,空载体与转 *GmAKT*1 基因植株均能正常生长,但在 NaCl 处理下,二者生长情况发生明显差异,转空载体植株出现明显叶片萎黄表型,生长受到盐胁迫更为显著的抑制。此外,在 NaCl 处理下,转 *GmAKT*1 基因植株的干重、存活率和相对生长速率均显著高于空载体植株,如图 3-67 所示。以上结果表明, *GmAKT*1 的过表达提高了大豆复合植株的耐盐性。

(a)

（b）

图 3-66 盐处理下过表达 *GmAKT*1 发状根大豆植株表型

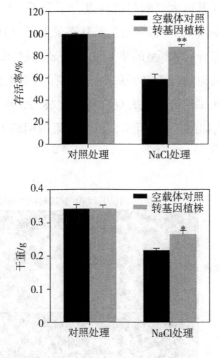

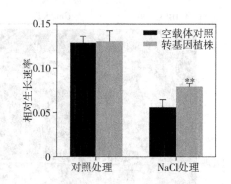

图 3-67　NaCl 处理下空载体对照植株和过表达 *GmAKT*1 发状根
大豆植株的存活率、干重与相对生长速率

3.3.7.3　转 *GmAKT*1 基因大豆的盐胁迫分析

本书对转 *GmAKT*1 基因大豆的耐盐性进行了分析。如图 3-68 所示,正常条件下,野生型与转 *GmAKT*1 基因大豆生长状态无差异,但受到盐胁迫后,二者的生长情况产生明显差异,野生型的生长受到明显抑制,而转基因株系的生长状况较为良好。在盐胁迫处理下,转基因大豆的存活率比野生型高出 30.1%,并且干重和相对生长速率比野生型大豆分别高出 68.2% 和 40.0%,且均达到了极显著水平($p<0.01$),如图 3-69 所示。以上结果说明转 *GmAKT*1 基因大豆具有高耐盐性。

图 3-68　盐处理下转 *GmAKT*1 基因大豆表型

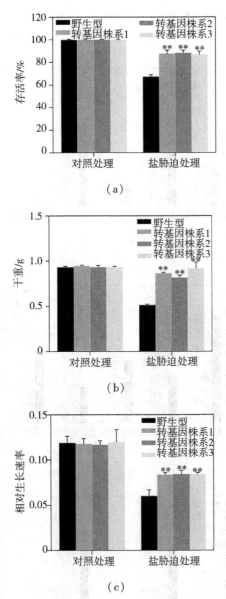

图 3-69　盐胁迫处理下转 *GmAKT*1 基因大豆的存活率、干重与相对生长速率

对盐胁迫处理下转基因大豆的钠钾含量进行测定,如图 3-70 所示,转 *GmAKT*1 基因株系在根中积累了更多的 K^+ 和更少的 Na^+,从而导致了更低的 Na^+/K^+。虽然在盐胁迫下,转 *GmAKT*1 基因株系在茎和叶中的钠钾含量均高于

野生型,但其 Na^+/K^+ 却显著低于野生型。以上结果表明证明,*GmAKT*1 的过表达能够维持大豆体内 Na^+/K^+ 的离子平衡。

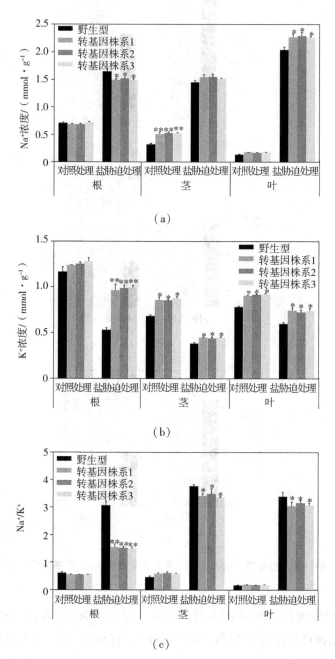

图 3-70　盐胁迫处理下转 *GmAKT*1 基因大豆的钠钾离子浓度及钠钾比

　　为进一步分析 *GmAKT*1 提高植物耐盐性的分子机制,笔者分析了转基因大豆中离子转运相关基因的表达水平。在盐胁迫下,转基因大豆中 *GmSKOR*、*GmsSOS*1、*GmHKT*1 和 *GmNHX*1 的表达均显著上调(图3-71)。以上结果表明,*GmAKT*1 能够通过增强离子转运蛋白基因的表达,进而提高大豆的耐盐能力。

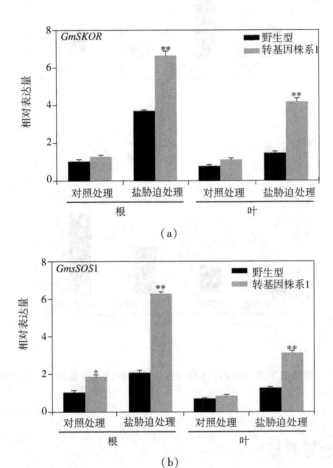

（a）

（b）

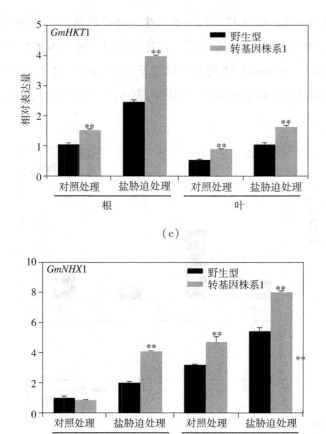

图 3-71　盐胁迫下转 *GmAKT*1 基因大豆中离子转运蛋白基因的表达水平分析

3.4　结论与展望

(1)本书通过高通量测序得到了 1 275 个大豆环状 RNA。

(2)通过反向剪接位点的验证,确定了 5 个真实存在的环状 RNA,其亲本基因能够参与调控多种植物的胁迫响应与生长发育,包括高盐、干旱、高温、低温等非生物胁迫响应以及泛素介导的蛋白质水解。

(3)大豆干旱响应环状 RNA 具有编码蛋白质和行使 miRNA 海绵功能的可能性。

（4）gma_circ_0000531 与 *gma-miR*9725 在干旱胁迫下的表达模式存在互补趋势，因此 gma_circ_0000531 极可能是大豆在响应干旱胁迫时，通过吸附作用控制 *gma-miR*9725 积累量的上游调控因子。

（5）*gma-miR*9725 的启动子序列中分布有多个胁迫响应元件，其表达水平受干旱和 ABA 调控。

（6）*gma-miR*9725 过表达能增加大豆干旱敏感性，减弱了胁迫下大豆的氧化酶活性，从而使活性氧无法及时清除。

（7）*GmAKT*1 是 *gma-miR*9725 作用的靶基因，*gma-miR*9725 可以在大豆体内直接切割 *GmAKT*1，从而在转录后调控 *GmAKT*1 的表达，参与植物的抗逆反应。

（8）*GmAKT*1 可以通过调控大豆根部的 K^+ 吸收，维持大豆体内的 Na^+/K^+ 平衡，增强大豆对干旱、低钾和盐胁迫的耐受性。

接下来，笔者将通过荧光素酶法或免疫共沉淀技术找到植物中 *gma-miR*9725 被 gma_circ_0000531 吸附的直接证据；得到稳定遗传的 gma_circ_0000531 和 *gma-miR*9725 过表达及敲除植株，进一步明晰环状 RNA 参与的大豆抗旱响应途径。

3.5 创新点

（1）明确了大豆中响应干旱胁迫的环状 RNA 的表达特点及功能，并通过可靠的鉴定手段证明了大豆干旱响应环状 RNA 的真实性，其具有编码蛋白质的潜力。

（2）分析了大豆中环状 RNA-miRNA-mRNA 的干旱响应调控途径。

（3）筛选得到具有抗旱性、耐盐性的重要基因 *GmAKT*1。

4 讨论

4.1 大豆环状 RNA 作为 miRNA 海绵参与抗旱响应

在过去很多年,环状 RNA 一直被认为是 RNA 错误剪接的产物或者某种形式的转录"噪音"。但近年来随着高通量测序技术的不断升级,在哺乳动物中发现了大量的环状 RNA,而且其在动物中发挥了重要的调节作用。尽管如今对植物环状 RNA 已经进行了很多研究,并已经在多种植物中检测鉴定了大量环状 RNA,但是与动物环状 RNA 相比,对环状 RNA 如何在植物体中行使功能的了解仍然存在很大的知识盲区。

之前的研究表明,环状 RNA 可以参与植物中的多种非生物胁迫响应,包括极端温度、盐胁迫、干旱胁迫等。其中干旱是制约作物产量的一个重要因素,会严重影响大豆的生长发育与产量。过去,已经在基因组、蛋白质和 miRNA 水平上对干旱反应机制进行了许多报道,然而环状 RNA 是否参与大豆中的干旱胁迫响应还没有被揭示。本书基于模拟干旱处理下大豆幼苗叶片中环状 RNA 的表达与功能展开进一步的分析。通过对模拟干旱处理(5%PEG)和对照组处理下的大豆叶片样品进行高通量测序,共得到响应大豆干旱胁迫的 1 275 个高可信度环状 RNA。Zhao 等人首次报道了大豆环状 RNA 的全基因组识别和鉴定,共得到 5 372 个环状 RNA(根中 3 171 个、茎中 2 165 个以及叶中 776 个)。本书在大豆叶片中鉴定得到的环状 RNA 数量明显多于前人的研究(1 275 vs. 776),暗示干旱胁迫能够增加大豆中环状 RNA 的形成总量。目前已有证据表明,环状 RNA 能够翻译新型蛋白,且本书中得到的环状 RNA 大部分为经典外显子环状 RNA(81.6%),说明大豆中的干旱响应环状 RNA 大部分都是由蛋白编码基因反向剪接形成的。IRES 是无 5′端帽结构的 mRNA 序列起始翻译的先决条件,本研究发现多个大豆环状 RNA 具有 IRES 元件、ORF 以及保守结构域,表明大豆环状 RNA 极有可能编码新型蛋白行使功能。此外,笔者发现 959 个环状 RNA 亲本基因中有 141 个产生了两个或两个以上的环状 RNA,这表明干旱胁迫下大豆中同一基因可以通过可变剪接产生多个环状 RNA,这与拟南芥中的研究结果一致,结合之前的研究可以推断,环状 RNA 的生物起源与前体 mRNA 的剪接机制存在密切关系。

环状 RNA 是一种 5′端与 3′端头尾反向共价相连的特殊环形非编码 RNA,为验证环状 RNA 是否真实存在,需要针对其反向剪接位点设计特异性高的发散引物和收敛引物进行 PCR 检测。用发散引物进行 PCR,并利用 Sanger 测序确定了环状 RNA 的反向剪接位点信息后,还需用两种引物对 cDNA 和 gDNA 进行 PCR 来排除基因重组与线性 mRNA 的可变剪接造成的假阳性。本书最终鉴定得到了 5 个真实存在的大豆环状 RNA。随后对这 5 个环状 RNA 的亲本基因功能进行预测,发现它们在植物的胁迫响应与生长发育中都能够发挥重要作用,包括生成碳酸酐酶、CNGC、RRM、乙醛脱氢酶和 NEDD8。其中,植物中的碳酸酐酶活性越高,植物的抗旱性越强;乙醛脱氢酶基因和 RRM 型 RNA 结合蛋白能够增强植物对于盐旱胁迫的耐受性;植物中 CNGC 能够参与多种生物胁迫与非生物胁迫响应,包括高温、低温、盐胁迫、病原菌侵害等;NEDD8 与泛素介导的蛋白质水解有关,且能够参与植物的早期发育。

研究表明,环状 RNA 可以调控亲本基因的表达,有些能够正调控也有些能够负调控亲本基因的表达。本书研究发现,干旱胁迫下大豆环状 RNA 与其亲本基因的表达趋势存在正相关性或者负相关性,表明环状 RNA 与其线性亲本基因同时存在协同表达与剪切竞争,因此了解亲本基因的功能有助于进一步了解对应环状 RNA 的功能与作用。本书通过 GO 富集和 KEGG 通路分析,探讨大豆环状 RNA 的亲本基因在干旱胁迫下的功能。氧化还原是干旱胁迫下植物体内的一个重要途径,GO 分析表明,干旱胁迫下大豆环状 RNA 的亲本基因与多种功能相关,涉及不同的细胞组分、生物过程和分子功能,其中富集最为显著的为 GO:0016041 和 GO:0016643,分别参与谷氨酸合酶活性与氧化还原酶活性的调控,说明在干旱胁迫下,大豆环状 RNA 可能通过氧化胁迫途径对干旱进行响应。得到的 71 条 KEGG 通路分析表明,环状 RNA 亲本基因的功能主要集中于大豆 O-聚糖（O-glycan）的生物合成和氮代谢途径。丝氨酸/苏氨酸残基的 O-连接糖基化是一种蛋白质翻译后修饰剂，植物蓝素（phytocyanin，PC）是 O-聚糖嵌合蛋白，烟草中 PC 基因的过表达增强了烟草的渗透耐受性。此外，氮代谢影响植物对非生物胁迫的适应，低氮处理能够改善干旱胁迫下的叶片水分状况，并改善由缺水导致的对光合作用的抑制。对环状 RNA 亲本基因的功能分析表明，大豆环状 RNA 很可能参与了干旱响应的基础代谢途径。

在环状 RNA 的已知功能中，miRNA 海绵是其中最引人注目的一项，引发了学者的广泛关注。具有 miRNA 结合位点的环状 RNA 可以通过碱基互补配对的方式吸附 miRNA，抑制其对下游靶基因的降解，从而行使 miRNA 海绵功能，参与生物的多种生命活动。已有研究证明，在哺乳动物中环状 RNA 可以行使 miRNA 海绵功能，参与动物的生长发育过程。植物中环状 RNA-miRNA-mRNA 网络研究也表明，植物环状 RNA 极有可能通过吸附 miRNA 行使调控功能。本书通过预测发现，大豆环状 RNA 可以吸附多种 miRNA，其中一些已经被证实参与多种植物胁迫响应。例如，gma_circ_0001063 可以吸附 4 个大豆 miR172 家族的 miRNA，而 gma-miR172a 已被报道能够参与对植物开花的调控，gma-miR172c 则参与植物对于干旱、盐胁迫和 ABA 胁迫的响应；gma_circ_0000673 和 gma_circ_0000674 具有相同的 gma-miR162a 结合位点，而水稻中 miR162a 能够提高水稻的稻瘟病抗性与产量，此外木薯中 miR162a 已被证明能够参与植物的干旱胁迫响应。由此可以推测，大豆中环状 RNA 可以通过调控多种 miRNA 的活性，参与植物的生物胁迫与非生物胁迫响应。因此，笔者进一步对大豆环状 RNA 可能吸附的 miRNA 的下游靶基因进行了预测与分析。其中一些靶基因与干旱相关，如转录因子 MYB 和 NF-Y、钾离子通道蛋白 AKT1 以及与细胞分裂素合成相关的异戊烯基转移酶 IPT。这些结果表明，大豆环状 RNA 可能通过吸附多种 miRNA，进而影响其下游抗旱相关基因的活性，从而参与大豆对干旱胁迫响应的调控。

为加强对大豆中环状 RNA 作为 miRNA 海绵功能的理解，本书选择已验证真实性的 5 个环状 RNA 进行进一步的环状 RNA-miRNA-mRNA 网络调控分析。其中 gma_circ_0000287 并未预测到 miRNA 结合位点，gma_circ_0000095 和 gma_circ_0000531 的表达变化与其对应 miRNA 呈互补趋势，表明这两个环状 RNA 在大豆干旱胁迫下通过吸附 miRNA 参与对大豆干旱胁迫的响应；而 gma_ circ_0000298 和 gma_circ_0000302 与其对应 miRNA 表达趋势一致,很可能是由于 miRNA 在干旱胁迫下的表达水平受到了其他因子的调控,因此笔者初步认定 gma_circ_0000095 和 gma_circ_0000531 可以充当 miRNA 海绵行使功能。gma_circ_0000531 吸附的 *gma-miR396a-5p* 和 *gma-miR9725* 的表达与其下游靶基因的表达呈互补趋势,所以笔者认为这两个 miRNA 稳定地行使了裂解靶基因的功能。本书选择了 gma_circ_0000531 和对干旱响应更为明显的 *gma-miR9725* 进行干旱胁迫下时间点更密集的表达模式分析,结果表明二者的表达变化呈相反趋势,所以确定二者确实存在吸附关系,说明 gma_circ_0000531 可以作为 *gma-miR9725* 海绵共同参与大豆干旱胁迫的调控。

4.2　*gma-miR9725* 参与植物非生物胁迫响应机制

水分利用率是作物生长发育过程中最重要的非生物因素之一,并且干旱胁迫是农业生产中面临的重要问题。之前的大量研究都表明 miRNA 可以参与植物的逆境胁迫响应,从而增强其对不利环境的适应。*gma-miR9725* 是大豆中特有的 miRNA,之前并无研究对其进行过报道。研究表明,与大多数逆境胁迫响应基因一样,*MIR* 基因的启动子也包含有丰富的与胁迫相关的响应元件。对 *gma-miR9725* 的启动子序列进行分析后发现,有多种与胁迫相关的顺式作用元件存在,包括 ABRE、ARE、LTR、MYB 和 MYC 等典型逆境胁迫响应元件。对胁迫处理下的表达模式进行分析可知,*gma-miR9725* 可被干旱胁迫和 ABA 处理诱导表达,初步表明 *gma-miR9725* 可能参与了植物的逆境胁迫响应调控。

研究表明,发根农杆菌介导的转化是一种快速高效的基因功能研究方法,因此为深入研究 *gma-miR9725* 在植物响应环境胁迫时发挥的作用,笔者通过发根农杆菌转化得到了过表达 *gma-miR9725* 的大豆发状根植株。表型与功能分析表明,*gma-miR9725* 在某种程度上参与了植物对于逆境胁迫的响应过程。干旱胁迫下,对照植株与过表达植株的生长均受到明显抑制,但过表达植株受到了更为显著的抑制,且存活率、干重与相对生长速率均明显低于对照植株,表明 *gma-miR9725* 的过表达增强了大豆对于干旱胁迫的敏感性。有研究表明,大豆 miR169c 在干旱胁迫下是上调表达的,但它却可以通过抑制其靶基因及胁迫响应基因的表达而在干旱胁迫中发挥负调控作用。因此,虽然 *gma-miR9725*

在干旱胁迫下是上调表达的,但在转基因大豆发状根中可以通过抑制下游的干旱正调控靶基因与胁迫响应基因的表达,而在大豆的干旱响应中发挥负调控作用。

ABA 可以促进植物休眠,也可以参与多种逆境胁迫响应。许多逆境胁迫响应基因的表达都会受到 ABA 的调控,这些基因的启动子上大多具有特异性的逆境胁迫响应元件,如 ABRE、MYB、MYC 等。ABA 处理下,过表达 gma-miR9725 发状根的大豆复合植株受到的生长抑制较为微弱,表明 gma-miR9725 的过表达减弱了植物对于 ABA 的敏感性。植物细胞在渗透胁迫下可以通过合成和积累各种渗透调节物质,如可溶性糖和脯氨酸来维持水分平衡和膨压,因此脯氨酸和可溶性糖含量常被用来衡量植物对于干旱胁迫等不利环境条件的适应能力。有研究表明,植物中脯氨酸的积累与 ABA 有关。相对应的是,本书中干旱胁迫下,对照植株与过表达植株根系中的脯氨酸含量有所增加,但与对照植株相比,过表达植株根系中脯氨酸的积累明显偏低。此外,干旱胁迫下大豆 gma-miR9725 发状根中的可溶性糖含量与脯氨酸含量呈现相同趋势,这可能是造成渗透调节能力下降,抗旱性减弱的原因之一。植物在萌发和幼苗生长初期对 ABA 的敏感反应往往伴随着对干旱胁迫的高耐受性。ABI3 和 ABI5 是植物体内 ABA 途径中的重要基因,它们的过表达可以增强植物的 ABA 敏感性,RD20 和 RD22 参与植物中干旱响应的 ABA 信号途径。本书研究结果显示,与对照植株相比,干旱胁迫后 gma-miR9725 发状根中这四个基因的表达水平都相对偏低。此外,gma-miR9725 发状根中的脯氨酸合成关键基因 GmP5CS 在干旱胁迫后的上调表达趋势也低于对照植株,这与其脯氨酸含量的变化相一致。以上结果表明,gma-miR9725 的过表达减弱植物抗旱性,至少部分原因是降低了大豆对 ABA 的敏感性,不利于减少水分散失。渗透胁迫响应有 ABA 途径的参与,也可以涉及 ABA 非依赖性信号途径。之前的报道表明,ABA 非依赖性信号途径基因 GmERD1 可响应干旱胁迫,因此本书对其表达模式进行了分析,结果表明干旱胁迫下其相对表达量在对照株系中显著上调,在 gma-miR9725 的过表达发状根中却无明显上调趋势,说明 gma-miR9725 的过表达影响了 GmERD1 的表达水平。这一结果证明 gma-miR9725 对大豆抗旱性的调控不仅涉及 ABA 信号途径,也可能参与了 ABA 非依赖性信号途径。

干旱、高盐等不利因素会导致植物体内活性氧(ROS)的增加,从而对细胞膜造成严重损害,抑制植物的生长发育。SOD 是清除 ROS 积累和维持细胞膜结构完整性的最重要的酶。本书研究结果发现,与对照植株相比,*gma-miR*9725 过表达植株根系的 SOD 活性增加幅度相对偏低,不利于逆境胁迫下对植物体内活性氧的清除。说明 *gma-miR*9725 可以通过影响植物体内氧化酶的活性,从而影响植物对逆境胁迫的耐受性。

4.3 *gma-miR*9725 靶基因调控植物非生物胁迫机制

在植物中,miRNA 主要通过剪切靶基因 mRNA,从而抑制下游靶基因的表达,参与多种生命活动的调控。尽管有研究表明植物 miRNA 的切割位点可能发生于靶基因转录本的任意位置,如靠近互补区的上下游位置,但大多数植物 miRNA 与靶基因的作用还是更多发生于互补区。本书中 5'RACE 技术检测了 *gma-miR*9725 对于候选靶基因 *GmAKT*1 的切割位点,结果表明 *gma-miR*9725 可以在大豆体内直接切割 *GmAKT*1 的 mRNA,且其裂解位点都位于互补区。GmAKT1 具有 Shaker 家族钾离子通道蛋白的基本结构特征,是大豆体内的 AKT1 型内流钾离子通道蛋白。研究表明,植物体内 AKT1 通道蛋白与多种非生物胁迫相关,如干旱胁迫、盐胁迫等,所以明晰 GmAKT1 在大豆非生物胁迫中的作用是十分有价值的。笔者发现,*gma-miR*9725 和 *GmAKT*1 在干旱及 ABA 处理下的表达模式呈互补趋势。在干旱处理下,*gma-miR*9725 的相对表达量上调,而 *GmAKT*1 的相对表达量在 1 h 时略微上调,随后则表现为明显的下调趋势;*gma-miR*9725 的相对表达量在 ABA 处理下下调表达,在 6 h 达到最低值,而 *GmAKT*1 的相对表达量被 ABA 上调,并在 6~12 h 期间保持在一个较高的表达水平。

钾离子在植物细胞的生理代谢过程中起到重要作用,在植物中适应高盐、寒冷和干旱等逆境胁迫过程中,钾的吸收起着至关重要的作用。亚细胞定位分析表明 GmAKT1 定位于细胞膜上,且主要在大豆根中表达,这都是 *GmAKT*1 能够介导大豆根部吸收 K⁺的先决条件。笔者发现 *GmAKT*1 的表达明显受到低钾胁迫的诱导,因此在异源系统酵母细胞和拟南芥突变体中验证了 GmAKT1 的钾通道特性,证实 GmAKT1 具有钾转运功能,且能恢复酵母缺陷株系与 *akt*1 拟南芥突变体的钾吸收缺陷。在低钾胁迫下,转 *GmAKT*1 基因大豆的生长状态明显好于野生型大豆,钾含量测定也表明了 *GmAKT*1 可以通过增加 K⁺ 的吸收,来增强大豆对低钾环境的适应。在干旱胁迫下,植物可以通过增加对 K⁺ 等溶质的吸收降低细胞水势。钾离子通道在大多数生物体中普遍存在,这是因为在恶劣的环境中,适当的 K⁺ 水平对于植物的生存至关重要,而 AKT1 是 K⁺ 吸收系统中的关键成员,对维持植物体内足够的 K⁺ 水平发挥了重要作用。在植物中,AKT1 通过介导 K⁺ 的转运和保卫细胞的气孔运动来应对干旱胁迫。本书研究中,干旱胁迫下,转 *GmAKT*1 基因大豆植株表现出更高的生长活力和存活率,并且无论是地上部还是根部,干旱胁迫后的转基因植株都明显积累了更多的 K⁺,根中的 K⁺ 增加趋势尤为显著,表明 *GmAKT*1 可以介导大豆根部对 K⁺ 的吸收,从而增强大豆对干旱的耐受性。过表达 *gma−miR*9725 发状根中,无论是在正常条件下,还是干旱处理后,*GmAKT*1 的表达水平均显著下调,表明过表达 *gma−miR*9725 植株对干旱的敏感性可能是由于 *gma−miR*9725 的过表达抑制了 *GmAKT*1 的活性,从而减弱了植物对于干旱的耐受性。

此外,盐胁迫严重抑制大豆的生长发育,导致大豆中 Na⁺ 的积累增加,K⁺ 的积累减少。因此,通过介导 K⁺ 吸收,维持细胞质中 Na⁺/K⁺ 稳态,对提高植物的耐盐性十分重要。笔者发现,*GmAKT*1 的表达水平受到 NaCl 处理的显著诱导,特别是在根中,这与小花碱茅(*Puccinellia tenuiflora*)中 *PutAKT*1 和霸王(*Zygophyllum xanthoxylum*)中 *ZxAKT*1 的表达变化一致。而过表达 *PutAKT*1 可以提高植物的耐盐性,且 *ZxAKT*1 的过表达恢复了植物的盐敏感表型,并维持了盐胁迫下植物体内的 Na⁺/K⁺ 平衡,因此 *GmAKT*1 极有可能也参与了大豆的盐胁迫响应,且与盐胁迫下大豆的 K⁺ 稳态有关。盐胁迫下,*GmAKT*1 的过表达恢复了 *akt*1 拟南芥突变体的盐敏感表型,且无论是在转基因发状根中还是在转基因大豆中,*GmAKT*1 的过表达都明显增强了大豆植株的耐盐性。在转基因大豆根部,*GmAKT*1 通过增加 K⁺ 的吸收、减少 Na⁺ 的积累,维持了盐胁迫下大豆根部的 Na⁺/K⁺ 平衡。虽然转基因大豆的茎和叶中的 Na⁺ 含量高于野生型,但它也积累了更多的 K⁺,从而保持较低的 Na⁺/K⁺ 比值。

K⁺ 外流通道 SKOR 可以介导 K⁺ 从根部到地上部的远程运输。笔者发现,盐胁迫下转基因大豆根部的 *GmSKOR* 相对表达量显著上调,从而促进了 K⁺ 从根部向茎部的转运,导致转基因株系的茎和叶中 K⁺ 浓度升高。盐胁迫下转基因大豆的根中积累了更多的 K⁺,说明 *GmAKT*1 的过表达可能提高了大豆根部对

K⁺的吸收。以上结果说明 $GmAKT$1 能够介导大豆根部对 K⁺的吸收,并能调节大豆植株中 K⁺的长距离运输。当 Na⁺被根吸收后,会从根部转移至地上部。Na⁺/H⁺逆向转运蛋白 SOS1 能够介导 Na⁺的外排,并能调控 Na⁺从根部到地上部的长距离运输,此外,大豆中 $GmsSOS$1 也被报道可以降低盐胁迫下植物中的 Na⁺积累。本书研究发现,盐胁迫下转基因大豆根部 $GmsSOS$1 的表达水平明显高于野生型,并且 Na⁺含量也明显低于野生型,这可能是由于 $GmsSOS$1 调节了细胞质中的 Na⁺外排。在拟南芥中,液泡 Na⁺/H⁺逆向转运蛋白 NHX1 可以在盐胁迫下介导 Na⁺和 K⁺进入液泡。此外,车前子中 NHX 可以将 Na⁺隔离到液泡中,从而增强植物对盐胁迫的耐受性。也有研究报道了大豆中 NHX1 能够将 Na⁺从细胞质隔离到液泡中,从而减轻盐胁迫对细胞的损伤。笔者发现,与野生型大豆相比,盐胁迫下转基因大豆植株中 $GmNHX$1 的表达水平显著上调,说明 $GmAKT$1 可能通过上调 $GmNHX$1 的表达,进而将 Na⁺从细胞质隔离到液泡中,最后提高大豆的耐盐性。在盐处理下,高亲和性钾离子转运蛋白 HKT 能够调节 Na⁺的转运,对于维持植物的 Na⁺/K⁺至关重要。有研究表明,盐胁迫下大豆中 $GmHKT$1 可以调控转基因植株中 Na⁺和 K⁺的运输,并维持 Na⁺/K⁺的相对平衡。转基因大豆中 $GmHKT$1 的上调可能是对盐胁迫的一种响应机制,从而减少大豆中的 Na⁺积累。通过以上结果,笔者推测 $GmAKT$1 可能通过转录调控促进了相关离子转运蛋白编码基因的表达,从而降低了盐胁迫下大豆体内的 Na⁺/K⁺比值,以提高其对盐胁迫的耐受性。$GmAKT$1 的转录调控功能还需进一步验证。

之前并未出现有关大豆环状 RNA 响应干旱胁迫的报道,因此笔者分析了与干旱相关的大豆环状 RNA 的编码蛋白质潜力及其可能发挥的功能。通过对反向剪接位点的验证,笔者发现了真实存在的 gma_circ_0000531 可通过吸附 $gma-miR$9725 参与大豆的干旱胁迫响应。如图 4-1 所示,过表达 $gma-miR$9725 发状根复合植株可通过降低植物对 ABA 的敏感性从而减弱其对干旱的耐受性。其靶基因 $GmAKT$1 能够增强植物的抗旱性,因此过表达 $gma-miR$9725 发状根复合植株的干旱敏感表型与 $GmAKT$1 基因的下调表达有关。大豆 K⁺内流通道不仅能够介导大豆根部的 K⁺吸收从而增强植物抗旱性以及对低钾胁迫的耐受性,还可以通过调控离子转运基因的表达,维持大豆体内的 Na⁺/K⁺平衡,提高植物的耐盐性。笔者分析了大豆中环状 RNA-miRNA-mRNA 的干旱响应网络,并挖掘到了提高植物胁迫耐受性的重要基因,这极有可能在大豆分子育种中发挥重要的作用。

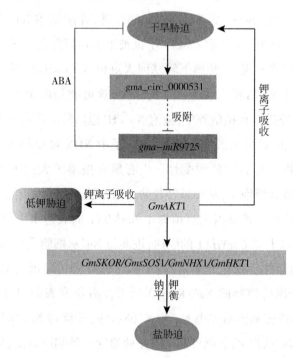

图 4-1　gma_circ_0000531、*gma-miR*9725 和 *GmAKT*1 参与非生物胁迫的调控途径

附录

本书中涉及相关环状 RNA 的核酸序列如下所示：

>gma_circ_ 0000474　Splice_Site:Chr08:30766306..30767332:-Type:
1_CLASSIC　Source_Gene:Glyma.08G264900.Wm82.a2.v1

CTCGTCAAAAGGAGAAAGCTTTGGGTTCCATCACTGAGGTTGTC
CAAACTGTTAAGGACCCAAAATCCATTATTAATGATAGGAATGGT
GATACTGCTACCATGCCTGAAGAGCAAGAGAAATTCAATTTTGAT
TTTGTTTTGCCAAAGTCTGCTGATATTGGGAATACAAGCACACCT
GGTAGACAAGCTTCTCCACTGAATATCCAACGCATGAGTTCTAGT
CAAGATAAGAGCAAGACATCATCACGATCAGGACGGATTTCTTTC
AAGGGTTTAAAAGGGAGATCTCCGAGTTCTGCAGAGGAGAAGCC
AATATTTGAACCTGAGGTTTTGATGACTAAGGAAATAGAGTGGTC
TAACAATTTGGAGCATTCACTAAGAGAGAGGGACATAAGGCAGG
GAATTGATCTAGCAACCACATTGGAGAGGATAGAAAAGAACTTT
GTGATTTCTGATCCCAGACTTCCAGATAACCCAATA

>gma_circ_0000202　Splice_Site:Chr04:28671067..28672737:+ Type:
1_CLASSIC　Source_Gene:Glyma.04G146900.Wm82.a2.v1
CTTTTGGCATCCAAGTCATCTGAAATGGCTAGTACTGATGACATC
AGTGGTAAACTGAAAAGCAGTTCAGACTTGGTTATGTCCAGACA
AGATAAACAAGTAGATAAATCTGATAAAAATGGGCTTTCTGATATT
GAGCAGCTGGTGCAAGGGAAGAAATTCTCTAGAGATGAATTTGA
TCGTTTAGTGGCGGTATTAAATTTGAGGGTGATGGACCTTTCTAAT
GTTGAACAAGGAAAGAAAATTACAAATTTGAGTTCTAGGAAAGA
TGATGAGGGGATTGCATTGCCACATGAGCTTCCGAAAGTTTCAAA
TGAACAAAGGCTTGAAGAGTCGACTGGGGCCATATGGGGAACCT
CAACACCTCTTGGTCTGTCAAAG

>gma_circ_0000298　　Splice_Site:Chr06:10302651..10308900:+Type:
1_ CLASSIC Source_Gene:Glyma.06G126000.Wm82.a2.v1
TCCTGAGTCTGTCATCAAGCACTTTGAAGGAAGGGAGGGTGCTG
TAGACAGTATAGGAGTTGTAGAATATCTTCGAGCTCTTGTGGTCA
CTAATGCTATTGCTGAATATCTGCCAAATGAGGAATATGGGAAAC
CTTCTAGACTTCCTACCCTGTTGCAAGAGTTGAAGCAGCGAGCAT
CAGGTAAATCAGATGAGCCTATTCTTAGCCCTGGAACATCTGAGA
GGCAGCCATTACATGTTGCTATGGTTGATCGCAAAGTATCACAGA
AGTCACGTTTTGTACAAGATCTTTTGTCAACTATATTGTTTATTGTT
GTTATGGGATTGGTCTGGGTTGTGGGTATGGTTGCACTTCAAAAA
TTCATAGTAAGCTTGGGTGGGATTGGAACTTCAAGTGTTGGCTCA
AGTAGTACATATGCTCCAAAGGAACTAAATAAAGAAGTGGTGCC
AGAAAAGAATGTTAAAACATTTAAAGATGTGAAAGGTTGTGACG
ATGCAAAACAAGAACTTGAGGAAGTTGTGGAATACCTGAAAAAT
CCAGCTAAATTTACCCGCCTTGGAGGAAAGTTGCCGAAGGGGAT
TCTCTTGACTGGACCACCTGGAACTGGAAAAACTCTTCTAGCCA
AGGCTATTGCTGGAGAAGCTGGTGTTCCATTTTTCTATCGGGCAG
GATCAGAATTTGAGGAGATGTATGTTGGAGTTGGTGCTCGACGTG
TAAGATCCTTATTTCAAGCAGCAAAAAAGAAGGCTCCTTGTATTA
TTTTCATTGATGAAATAGATGCTGTTGGTTCAACTAGGAAACAAT
GGGAAGGTCATACAAAGAAGACATTGCACCAACTACTTGTTGAA
ATGGATGGATTTGAGCAGAATGAAGGAATAATAGTAATTGCTGCA
ACAAACCTGCCTGATATTCTTGATCCCGCTTTAACAAGGCCTGGT
AGATTTGATAGACAT

>gma_circ_0000939　　Splice_Site:Chr15:35365065..35367804:-Type:
1_ CLASSIC Source_Gene:Glyma.15G215900.Wm82.a2.v1
GAATAGGGTATGCGTTGGCGAAAGAGTTTTTAAAAGCTGGTGAC
AACGTCCTGATTTGCTCAAGATCAGATGAAAGGGTAAAGACTGC
TGTCCAGAACTTGAGAGTAGAATTTGGGGAGCAGCATGTGTGGG
GAACTAAATGTGATGTAAAAAATGCAGAGGATGTGAAGAATTTA

GTTTCATTTGCTCAAGAAAAAATGAAATACATTGATATATGGATAA
ACAATGCTGGATCAAATGCATATAGCTATAAGCCACTTGTTGAGG
CTTCAGATGAAGATCTTATTGAGGTGGTTACAACAAATACACTTG
GCTTGATGATATGTTGTCGAGAGGCAATCAAGATGATGGTGAACC
AACCTCGTGGAGGTCATATTTTCAATATAGACGGGGCAGGTTCAG
ATGGAAGACCAACTCCTAGGTTTGCTGCATATGGAGCAACAAAG
AGAAGTGTGGTGCATTTAACAAAGTCATTACAG

>gma_circ_0000127　Splice_Site:Chr03:18838854..18840058:−Type:
1_ CLASSIC Source_Gene:Glyma.03G076300.Wm82.a2.v1
GGACTGGATAGTTTCACCTGTTGCGCACTACTCTGTGAAATGGAA
GATCCATCATTTTTCGATCGAATGATCAGTCATCTGAGAGCAACTT
GCATGCACTATACTGGTTATCCAAAGGACCTTGGACCATCACAGG
TTATTCATTTTACCTCCGAGCGTGAGTTTGTCAATCTCCTTCACGA
AGGTTTCCCTGTGGTTGTTGCATTTACCATCAGGGGGAACTACAC
ACGGCATCTTGACAAAGTATTAGAAGAATCTGCTGCTGAGTTTTA
TCCAAATGTAAAATTTATGCGTGTTGAATGTCCAAAATATCCTGGG
TTTTGTATAACTCGGCAGAAAAGGAGTATCCATTTGTTGAGATAT
TTCACAGTCCAACACAT

>gma_circ_0000017　Splice_Site:Chr01:40826380..40827823:+ Type:
1_CLASSIC　Source_Gene:Glyma.01G118800.Wm82.a2.v1
CTTCATATTCTCTGTATATAAACTGTGGTGGAAATCTTGTAACTGA
TGGAAGGAAGACATATGATGATGACACGGGTGAGACTACTGGAC
CAGCAAGCTTTCATAACAACCGTGGAAAAAACTGGGCACTTATC
AACAATGGTCATTTCTTTGATACCAACCGCTTAAACTACTATAATG
TGACTAATTCGACTAAGCTTGTAATGGAGAATGTTGAACTGTACA
TGAATGCACGTGTTTCTCCGACCTCTTTGACCTATTATGGATTTTG
CTTGGGAAATGGAATCTACACAGTAAAACTCCATTTTGCAGAAAT
AATGTTTACTGATGATAAAACATATAGCAGTCTTGGAAGGCGTGTA
TTTGACATCTACATTCAGAGAAATTTGGTGGCTAAGGATTTCAATA

TTGCAAAAGAAGCAGGGGGTGTTGGTAAGGCAGTAATTAAAAAT
TTCACAGTTGTTGTGACTAGTAACGCTTTGGAGATTCGGTTATATT
GGGCTGGGAAAGGAACCACTTCTATTCCATTTAGATCAGTTTATG
GTCCTCTTATATCAGCTATATCTGTTGATCCTAACTTTATACCCCCA
TCAGAAAGTGGTACTAGCAGCATATCCATAATAAGGGTTGTGGTT
GTAGTTGTGGTTGCTGGAGCAATTATCATCTTGATATTTGGTATATT
GTGGTGGAAGCGCTTTTTAGGATGGGAAAGATCAGTGGGCAGAG
AACTGAAGGGTTTAGAATCACAAACTAGTTTATTTACCCTACGAC
AAATCAAGGCAGCAACAAATAACTTTGACAAATCCTTGAAGATT
GGAGAAGGAGGGTTTGGTCCTGTTTACAAG

>gma_circ_0000284　Splice_Site:Chr05:5421126..5423158:+Type:
1_CLASSIC　Source_Gene:Glyma.05G058500.Wm82.a2.v1
CTTACAACATCGCCGCCGGCAATGTTCCTCCCGCCGATCCACCGC
AAGCGACTTCCACCGCCAATGTTCCTCCCGGCAATCCACCGCATC
TCACTCCCTCCGCCAGACTCAAACGCAGCCGGAATCCCGAGCCA
CCGGAATTTCTACGCGAATACCGTGACGATGCCCCTTCCTCTATGT
CACACCACGATTACATCCAAAACAGAAGGAAAGAAGTCGTTTCG
TCTCGGAATCACGATCGCGTTGAATTGACTGAAGAAGTTTTGGGA
AACTCTAATTCTACTCTTCCCTTGGTGGATTATGATGCAAGTGATG
AAGATACTCCTTCAGAATGTGAAGAACACATACTCTTCTAAATT
CTGGTCAACAAGAAGAATTTGATGGAGTAAAAAAAGCAGAAAT
GAGCAGCGATTCCCTGTCTCTGGGGAACCTGTTTGTCTTATATGT
GGAAGATATGGCGAATATATATGCAACGAGACAGATGATGATGTC
TGTAGCATGGAATGCAAAAGTGAACTTCTGGAAATTCTTAAACTC
AATGAG

>gma_circ_0000134　Splice_Site:Chr03:27920667..27921314:–Type:
1_CLASSIC　Source_Gene:Glyma.03G094500.Wm82.a2.v1
GAACAAATATGAAACACAACTGGCTCAAAGAAATTTCAAAAGCA

ATGATACTCAGAATCACATACAGGAACAAAACACCATGGAACTTT
ATTCACGAGCAAGGGAGCAAGAAGAGGAGATCCTCTCCCTCCGT
GAACAGATTGGCATTGCCTGTATGAAGGAACTGCAGCTGTTGAAT
GAGAAATGCAAACTAGAGAGGCAATTCTCTGAACTAAGAATGGC
AGTTGATGAGAAGCAAAATGAAGCCATCTCATCCGCTTCTAATGA
TTTGGTTCAAAGAAAAGGTTATCTTGAAGAAAATTTAAAACTTGC
TCATGATTTGAAA

>gma_circ_0000287   Splice_Site:Chr05:682855..683335:+Type:
1_CLASSIC Source_Gene:Glyma.05G007100.Wm82.a2.v1
AGAGAGGATATGGCAAAGGAATACGAGAAAGCTATTGAAGAACT
TCAGAAATTGTTGAGGGAGAAGAGTGAACTCAAAGCGACAGCT
GCTGAAAAAGTGGAGCAGATAACAGCTTCTCTAGGGACATCATC
ATCTGATGGCATCCCATCATCAGAAGCCTCAGACAGGATCAAAGC
TGGTTTCATTCACTTCAAGAAGGAGAAATACGACAAGAATCCAG
CTTTGTATGGTGAACTTGCCAAAGGCCAGAGCCCCAAG

>gma_circ_0000495   Splice_Site:Chr08:39870429..39872147:−Type:
1_CLASSIC Source_Gene:Glyma.08G287600.Wm82.a2.v1
GAGATGGTGACAGCGTTGCAATTTCAAACGAAGGTTTGAAGATG
CTTCTCAAAGGGATGACTTATCCAGAACTTGAAAAATGGGTTCAA
TCACATGGATACAGGCCTGGGCAGGCTATGATGTTATGGAAGCGA
ATGTATGGAAACAACATTTGGGCCCATCATATTGATGAGTTGGAA
GGTTTGAATAAAGATTTCAAGAAAATGTTGAATGAAAATGCCGA
GTTCAAAGCGCTTACTCAGAAAGAAATTCGCACAGCATCTGATG
GAACAAGAAAGATTTTATTCACATTGGAAGATGGGCTGGTCATAG
AAACAGTTGTCATACCTTGTGACAGAGGTAGGACTACTGTGTGTG
TTTCAAGTCAAGTTGGATGTGCTATGAATTGTCAATTTTGCTACAC
TGGAAG

>gma_circ_0000778　Splice_Site:Chr12:5535736..5536395:+Type:
1_CLASSIC　Source_Gene:Glyma.12G074000.Wm82.a2.v1
GTTGTAGCTATAAAGCAACTTGACCCTAACGGACTTCAAGGGATT
CGTGAATTTGTTGTTGAAGTGTTGACGTTGAGTTTGGCAGATCAC
CCTAACCTTGTGAAGTTGATTGGATTTTGTGCTGAGGGAGAGCAG
AGGCTATTAGTTTATGAGTACATGCCATTAGGATCTTTGGAGGACC
ATTTGCTTGATATTCGGCCAGGTAGAAAACCACTTGATTGGAACA
CAAGAATGAAAATAGCAGCTGGTGCAGCTAGGGGTTTGGAGTAT
CTGCATGATAAAATGAAGCCTCCTGTAATATATCGCGATTTGAAAT
GTTCTAACATTTTGTTAGGAGAGGGATATCATCCTAAATTGTCCGA
TTTTGGCTTGGCAAAAGTAGGCCCAAGTGGTGATAAGACCCATGT
TTCAACAAGGGTTATGGGCACATATGGGTATTGCGCCCCAGATTAT
GCAATGACAGGCCAGTTGACATTCAAGTCAGATATTTACAGCTTC
GGGGTTGTTCTTTTGGAGCTTATTACAGGCCGGAAAGCCATTGAC
CATACAAAACCTGCCAAAGAACAAAATCTAGTTGCATGG

>gma_circ_0001176　Splice_Site:Chr19:39073408..39073720:+Type:
1_CLASSIC　Source_Gene:Glyma.19G130800.Wm82.a2.v1
GTTGCAAACTTGGAGGACATAATATCAGAAAGAGGAGCCTGTGG
GGTTGGATTCATTGCCAATTTGGAGAATAAGGAATCACATGAGAT
TGTCAAGGATGCTTTAAATGCTTTAAGTTGTATGGAACATCGTGG
TGGCTGTGGAGCAGATAATGACTCTGGTGATGGTTCAGGGCTGAT
GACCGGAGTTCCGTGGGAACTATTTGACAATTGGGCCAACACGC
AAGGGATTGCTTCCTTTGATAAGTTGCACACTGGTGTTGGAATGG
TTTTCTTACCCAAAGAGGCACAACTTCTCAATGAGGCGAAGAAAG

>gma_circ_0001214　Splice_Site:Chr20:25335162..25337700:+Type:
1_CLASSIC　Source_Gene:Glyma.20G071200.Wm82.a2.v1

GAAGAAATTGCCAAAGAGTTCGGTATACCCATCCAGTATCAACGT
TTTTGGTTGTGGGCAAAGCGCCAAAACAACACATATAGGCCAAAT
AGAGCACTGACACCTCAGGAAGAAGCACAATCAGTTGGACTGCT
AAGAGAAGTTTCCACTAAAGCAAATAATGCAGAGCTGAAGTTAT
TTTTGGAACTAGAAATGGGGCAGGATTTGCGCCCTATTCCTCCTC
CTGAGAAGTCAAAAGAGAATCTCTTGCTTTTCTTTAAACTTTATG
AACCTTCAAATGAGAAGCTTCGGTATGTTGGGCGGCTTTTTGTGA
AGAGTAGTGGGAAGCCAGAAGATATATTGGTAAAACTAAATGAA
ATGGCTGGATATGCTCCTGATCAAGATATAGACATGTTCGAGGAG
ATAAAATTTGTGCCTAATGTCATGTGTGAACGGGTTGACAAGAAA
TCCACATTCTTTGGGAGTCAGCTTGAGGATGGTGATATTATTTGCT
TCCAAAAGTCCGTCCAAACTGGAAGTGGAGAGCGATATCGCTAT
CCAGATGTTCCTTCTTTCTTGGAATATGTGCACAACCGTTTG

>gma_circ_0000042   Splice_Site:Chr01:56072968..56073413:– Type:
1_CLASSIC Source_Gene:Glyma.01G234600.Wm82.a2.v1
ATGGATCAATACTCGTGGGTCAATCTCTCAACTTGATGGTTTTTTC
CTACGCCTGCGGCTCGGAAAGTGGGAAGAAGGGCCAGGGGGAA
CTGGATACCATGTGGCATACATAAATGAGACCCAGTCCCAGAGAC
AGTGTTCAGAGCAGAATACAAGAAAATCTCTCTCAGTGAAAGTG
GGGAGTATCAAGTGTATGGTCGAAAGTCAGTATATATCCAATCATG
ATTTTCTTGAG

>gma_circ_0000095   Splice_Site:Chr02:38755328..38755758:+Type:
1_CLASSIC Source_Gene:Glyma.02G202500.Wm82.a2.v1
CTTGTTCACAAGAGGAGGTTAATAAGGTCATGGACTTAGCAAAAT
CTGCACAAAAGTTATGGGCAAAGACCCCACTATGGAAACGTGCT
GAGCTTCTTCACAAGGCAGCTGCTATCCTTAAAGAGCACAAAAC
TCCAATTGCAGAGTGCCTGGTGAAAGAAATAGCAAAGCCAGCCA
AAGATGCTGTTATGGAGGTTGTAAGATCTGGGGATCTGGTTTCTT

ACACTGCTGAAGAAGGTGTAAGGATTCTGGGAGAGGGAAAGTTC
TTGGTGTCGGATAGCTTTCCTGGAAATGAAAGGACAAAATATTGC
CTCACATCCAAG

>gma_circ_0000148   Splice_Site:Chr03:35202582..35202830:-Type:
1_CLASSIC   Source_Gene:Glyma.03G136100.Wm82.a2.v1
GCATAGGTGGACTGGTCGTTATGAAGCGCATCTTTGGGATAAGAG
TACGTGGAACCAAAATCAGAATAAGAAGGGAAAGCAAGTTTATT
TGG

>gma_circ_0000176   Splice_Site:Chr03:45625445..45625753:-Type:
1_CLASSIC   Source_Gene:Glyma.03G262900.Wm82.a2.v1
AGATAACAAATGCGCAACTATCCTTCCGATATTCTCTGACTCTGAG
GAGCCCAATCCCAATGCCATATCATGCTAAAGGAGGACCTTCTTG
GATTTCATTCCACACCCTTAAAATTAGAAACTTGAATGTCATTAAG
GCTGTTGCAGCCACTTTGGATGCAAAACCGCACTTGGATGTTCCT
CACCCTCCCGGTTTTCTGCTCGAATTCTCCGAGCCTCCTGATGATA
GGGAGAAGTTGAGAAGAATGCGGATTTCCAAAGCTAATAAAGGA
AACATCCCTTGGAACAAAGGAAGAAAGCACACTCCCG

>gma_circ_0000302   Splice_Site:Chr06:10377283..10378900:+Type:
1_CLASSIC   Source_Gene:Glyma.06G126600.Wm82.a2.v1
GAGTAGGCTGTGAGATTTTGAGGTTCATGAAGAAGCTATTTACTG
TCCTGTGACGGTTGCGCGACACTGATTTGTTGAATTCTACCTTGC
TTTTGAACTAGGCTACAATCATGAATTTTCAGCAAGACAAATTTG
TTAGATTTCGGGATTGGAGTTCAGACAGGGGCTCCGAGACCAAC
TCTCCTGCAATTCACGTGACACGCTCGGGAAGAGTTAAGAATAC
ACTAAATTCAGTTTCCGAGAAGTTTCAAAGGGGTTTGGAATCTAG
TTCGGAGGGGATAAAGAGATTTAGAAAATCATTCAAGTCTCTTCC
CTATAACAGAGTTCTTTCTAGAAATTTTAGTTCTAAAAAGAAAAT

CCTTGATCCGCAGGGACCTTTCCTTCAAAAGTGGAACAAGATATT
TGTATTATCATGTCTTATTGCTGTATCACTTGATCCTTTGTTCTTCTA
TGTCCCTGTGATTGATGATAACAAGAAATGTCTTTCAATGGACAG
AAAAATGGAAATTACAGCAACTGTTTTAAGATCTTTCTCTGATATT
TTTTATATAATCCATATAATTTTCCAATTTCGTACTGGATTCATTGCT
CCCTCTTCTCGAGTATTTGGAAGAGGTGTTTTGGTTGAAGATGCT
TGGGCAATAGCAATGCGGTATCTATCATCATACTTCTTGATTGACA
TTCTTGCCGTTCTTCCCCTCCCACAGGTGGCAATTCTAATTATCAT
TCCAAAGTTGAGTGGCTCTGAATCACTGAATACAAAGACCTTGCT
GAAATTTATTGTCTGCTTCCAATATATCCCACGGTTTTTACGAATAA
TTCCATTATATAAAGAAGTTACTAGAACCTCTGGCATTCTCACTGA
AACAGCTTGGGCTGGAGCAGCATTCAATCTCTTTCTTTACATGCT
AGCAAGTCAT

>gma_circ_0000455   Splice_Site:Chr08:1929204..1929440:+Type:
1_CLASSIC Source_Gene:Glyma.08G024100.Wm82.a2.v1
TGGTTGTAAGGCGTGTGGAAGAGAAGAAGTGGAGCAAGGATGC
AATGGTGAAGGAAGGATTCAGGGTGGGATTGCTACAGTACCAGG
CTTTGGGTGGTGGCCTATAAAGGCTTACAGGCCATGCCCTGCATT
TGTGGCATCTGGTGGTAGGTATAGGCGCCAAGGACAAAGCATGG
ACGAGGTTGTCTCCGGAAGTGGTAAAACTAAAACACCCATTGCC
ACTGACTCCAACACAAG

>gma_circ_0000531   Splice_Site:Chr09:12360674..12361573:-Type:
1_CLASSIC Source_Gene:Glyma.09G091700.Wm82.a2.v1
GGAACAAAAGCAGTATGGGATGACACCCTTAAAGAAAGCTGTGG
ATCTAGAGAGATTGAAGGAATTGGTCTCTATTGGATTTGACAAGG
AGCTTGCTGCTGAAGCCCTTAGAAGAAATGAAAATGACACTCAG
AAAGCATTGGATGATTTGACGAATCCAGAAACTAATTCTGCTTTG
CAGGTCAATATCGAGTCAAGGAAAAGGAAGAGACAGAAACAAG

CACGAGATTCTGAAATTAGAAACGTTGTGCAAATGGGTTTCGAA
AGATCAAGAG

>gma_circ_0000704   Splice_Site:Chr11:30806585..30807558:+Type:
1_CLASSIC   Source_Gene:Glyma.11G214700.Wm82.a2.v1
ATCCTGGACGAGATAAGGTTGTGGCTCCAATTTTAAGGTTCGAAA
ATGTTGACAAAATAGCTGAGCCTTCTGCTATATTGGTTTCACTGGA
TGAGTTTCCAACTCTCTTTACTAGAATATCAGATGACTCTAGCTTT
GCTAGTAAAGTCCTTGGTGTACTGGTTGAACCAACGGGTGATGTG
CAGAATAAGTTAAAGGGATTTTCTCCGGACCAAAAGTTTCCACA
AGCTCAATTCGCTCTTTATCATAATACCAGCTACCAATGGAATTCA
ATTGGTTCTGGTATTATGTGGAAATCCTACAAGTTTCCTGTATTTTT
ACTCACAGAAAGTGGCTCAAAGACTCTTCAAGAG

>gma_circ_0000726   Splice_Site:Chr11:6863656..6864559:+Type:
1_CLASSIC   Source_Gene:Glyma.11G090700.Wm82.a2.v1
GACCTTGTTTCTTGTTCCTTAGTTTGTAGGTTTTTGAATTATGCTG
CATCGGATGAGGCATTATGGCGTCGCTTGTACTGTATGCGATGGG
GCATTCTTCCCCCTACAAGGAAGTTAAGGGAATGCCCATGGAAA
AAGTTATACATTCAGCGTGATGGAGAGGACATGGTTGAACTTGTT
AGAAGCTGCCAAAATGAGTTTAAGGAGTACTACATTCAAATGCA
AGCAGCTAAGCGAAGTCAAGCACCTCATCCTTCACAG

>gma_circ_0001012   Splice_Site:Chr16:4682080..4684043:+Type:
1_CLASSIC   Source_Gene:Glyma.16G048700.Wm82.a2.v1
CTTTGTGAAGTTGATTTGAGTGAGATGTTGCCTCCTGAAGCATTG
GCCCCATTTATAGATGAAATCAAGAAGCGTGCAAATCAGAGGAA
GCAACTTGCAAAAAAGGAAAAGAAGGAAAAAATAAAGGCTGAA
GCTACTGCTGCTTATTCTCTTCCCATATCATTAAGTCATCAGTTTAC
TTCTCGCGATGATCCTCCAACATTCTCCATGGATGACTTTGAAGCT

CTAGGAAATTCAACTATATCATCAAGTCCTCCCCTAGCTGGGGAG
AGAAAATCATTCTCAAATGTTACTAGGCTTGGGTTTGCTGCTGCT
CATGATTCTCCATCCTTACAAATTCAAGAAACTAGTGGTCTACATA
ATAACAACAGGACCTCTGATTCTTCTGTCTCAACAG

>gma_circ_0001013　Splice_Site:Chr16:47771..48137:+Type:
1_CLASSIC　Source_Gene:Glyma.16G000500.Wm82.a2.v1
CGTGCATCGGATTATCTGTCGCCATACTTGAAGAATACAGAGGGT
TTGCTACATTTACATGCTTATTGGGCTCGTTTGGAAACAAAACTTG
GGAAAGATATAACTGCAGCTCGTGGAGTTTGGGAGAATTGTCTG
AAGATATGTGGTTCAATGTTGGAGTCATGGACTGGTTATATAGCAA
TGGAAGTGGAATTGGGTCACATAAATGAAGCAAGGTCCATATACA
AGAGATGCTACAGTAAAAGATTTTCTGGAACTGGTTCAGAG

>gma_circ_0001213　Splice_Site:Chr20:24828548..24831794:+Type:
1_CLASSIC　Source_Gene:Glyma.20G069800.Wm82.a2.v1
TCACCGAAGATTTCACTTGTCCATTTTGTTTGGTTAAATGCGCGTG
TTTTAAGGGTCTAAGATGTCATTTGTCATCATCACATGATCTCTTC
AACTTTGAATTTTGGGTATCAGATGAATGTCACGCTGTAAATGTG
TCTGTGAAAAATGATATCTCGAGATCGGAGATTGTTTCTGATGATG
TTGATCCAAGAGTGCAAACATTTTTCTTTTGTGGAAAGCCTCTAA
AGCGTAGGACAACAGCAGACCAATCTTTGAAAAATGCAGTGGGC
TTAGAGTCTTCCTTTCCTGCAGGAGGGACTGATATTTTGGAGAAG
GATGATGGTATTTCTGCCACAATTATTCGATCACGTCCTGATCGAG
ACTCTGTTCAGTCAATGTCTGACTGTGATCAAGCAGTGCTTCAGT
TTGCCAAGACAAGGAAGTTGTCAATTGAGCGTCCTGACCCACGA
AA

>gma_circ_0000065　Splice_Site:Chr02:1807162..1808637:–Type:
1_CLASSIC　Source_Gene:Glyma.02G019700.Wm82.a2.v1

ATTTTGATGCTCGAGTTCTGTGGTTTCTAAAGCATTGAAATGGGG
AAAGGAAGAAGTCCTGGGAAATGGTTCAAGAATTTACTCTTGGG
GAAGAAATCGTCTTCAAAGTCTACTTCATCAAAGAAGAATGACAT
TTTTAAACCTTCAATTGACAAGGATTTGCTGGTGTCGTCTGAGGT
ACCCGTGCCTGATCCAACCATGGATTCGTTGCAGATATCCACACC
AATATCTGGAGCTAATGATTATAAAGGAGTGTTTTCCGAAAAGGA
GGTAGTTAGTAGGTCATCACATGATAGGGATGTTCTTTCAACTAG
AGTCAAAGAAGCTAAGGTGCAAGATGTTGCTAATTTTGGATCTCA
AGAGAATCTTGAGAAACTCCAGCTTACGGAAGCAACTATAAAAG
TTCAGGCTGCTTGTAGAAGTTATCTGGCTCGTCGAACATTGCAAA
AACTCAAAGGTGTCATACAACTGCAAGCTTTTATTCGTGGCCACT
TGGTTAGAAGACACGCTGTTTCTGCATTATATTGTGTGAAGGGAA
TAGTTAAATTTCAAGCATTGGCTCGTGGTTACAATGTTAGATGCTC
TGATATTGGGCTTGCAGTCCAGAAAATTCGTAAGGATACTCATTG
CTCAAATTCTGTTCGGGTAGTTTCGTCCACACAGGCAGAGAAGTT
GTCTGAAAATGTCTTTGTTTGCAAG

>gma_circ_0000221　Splice_Site:Chr04:47722703..47723435:– Type:
1_CLASSIC　Source_Gene:Glyma.04G204800.Wm82.a2.v1
GGTGCCCCTGAAGTTATACAAGATAGGCTCATTGATATACCACCAT
CATATGTTGAGACCTACAAAAAATACACACGTCAAGGGTCTCGTG
TTCTTGCTCTGGCTTACAAGTCTCTTGATGACATGACAGTCAGTG
AAGCTAGAAGCTTGGATAGGGATATAGTGGAGAGTAGACTTACTT
TTGCAGGTTTTGTGGTATTTAATTGTCCCATAAGATCAGATTCAGC
CACTGTTTTATCTGAATTGAAAGAATCCTCACATGACTTA

>gma_circ_0000408　Splice_Site:Chr07:40602..42834:+Type:
1_CLASSIC　Source_Gene:Glyma.07G000400.Wm82.a2.v1
GGGTCTGGTACGGATTCAGTGCTAGCTGATGGTGGAATCCAGTTA
CATTTTTGAGTTATGTGAAAAATAAAGAAGATGAAACTGCAGGCA

CATATTCCGGGGGAGATGTCAGGACAGGTACCTAATCAAGCAGG
GTCTCAATTGTCTGGTCTGACCCAACTGAATGGGAATGCACTCAC
TCATCAGATGCCACCTTTAGGGGGTGTACCGCGTTCAACAATTAA
TATGGATCCTGAATTTCTTAGAGCTCGCACTTTTATTCAAGAGAAG
ATCTTTGATATGTTGTTGCAACGACAACAGCTGCCAGTTACAGAT
GTACAGAGAAGGAAGCTTAAGGATCTTGCAAACCGCTTGGAGGA
GGGCATGTTAAAAGCTGCTCTCTCTAAGGAGGATTACATGAACTT
GGATACACTGGAGAGTCGTTTATCTAATTTCCTCCGACGAGCATCT
ATGAATAATCACAACCAACAATATCCGCAGCGTGTTAACTCTTCT
CCAATTGGTACAATGATACCAACCCCTGGTATGTCACATGTTCCA
AATTCAAGCATGATGGTTGCATCTTCTATGGATGCCTCTGTGATTT
CTGCCAGTGGGCGTAATAGCATAGCATCAACATCTTTCAATAGTGT
AAACATGTTACCAGCTGGTGGTATGCTTGGCAGTACCTTAAATAG
ATTTGATGGTTTGTCTAATGGCTATCAGCAGTCTTCTACCAGCTTT
TCTGCTGCCTCAGGGGGGAACATTTCATCAATGGGGGTGCAGAG
AATTGCTAGCCAGATGATTCCCACTCCTGGATTCACAGTCAGCAG
TAATCACTCACACATGAATATAGATTCTAATAATACTAATGGTGGT
GCCTTTTCCAGTGTAGAGTCTACTATGGTACCACTGTCACAGCTA
CAGCAGCAGAAGCAGCATGTTGGTGGCCAAAATAGTCATGTATTG
CAGAACCTCAGTGGCCAAATGGGTAGTGGAATGAGATCTGGTTT
ACTACAGAAGCCATTTGCAAACTCAAATGGTGCTATAAGTAGTGG
ATCAGGCTTGATTGGAAATAATATACAGCTTACAAATGAACCTGG
CACTTCTTCTGACAGCTATGCCTCAACTTATGCTAATTCCCCTAAA
CACTTGCAGCAGCCCTTCGATCAAAAACAGAAACCAGTAGTGCA
GG

>gma_circ_0000415   Splice_Site:Chr07:42473479..42474188:+Type:
1_CLASSIC Source_Gene:Glyma.07G245700.Wm82.a2.v1
CTTGTGGGTCACTTTTTGGAAGAAACCTGTGTAAATCCTACATTC
ATCATAAACCACCTGAGATCATGAGTCCTCTAGCAAAGTGGCACA

GATCCAAACCAGGCCTGACTGAACGTTTTCAATTGTTTGTTAATA
AACGTGAACTTTGCTATGCATATACTGAATTGAATGACCCTGTAGT
ACAACGACAGAGATTTGCTGAACAACTCAAGGATCGGCAATCTG
GCGATGATGAAGCAATGGCCTTAGATGAAACATTTTGTACGGCTC
TAGAGTATGGTTTACCACCTACTGGTGGTTGGGGTTTGGGCATTG
ATCGGTTCACCATGTTACTGACTGATTCACAGAATATTAAGGTTCT
TCTCTTCCCTGCCATGAAACCTCAAGACTGAGCCTTCAACCAAA
ACTATTTGAATCTCTGAGAAGTAAAATCATCATACACAG

>gma_circ_0000473   Splice_Site:Chr08:30761075..30769797: −Type:
1_CLASSIC   Source_Gene:Glyma.08G264900.Wm82.a2.v1
GTGGTGGTGGTACCTTTGGTTTGTACATAAATGGAGAAACTGAAA
GTGTCTGCTAAGAATGATCCTGCTGGCAGCAGTGATCAGGCAGAT
TCATTTCCAATATTCGAACTGTGGGAGAGTGAAAATGTTGGACAG
AAGAGCAGTAGAAGAGACGAAGATGATACAAAGCTGTAAGATT
GGATGGAGATTCTGTAATTGCTCCCTCTAATTCTGCAAACAACAG
TAAGGAACCTGTCAACAAGTGGATGGCATTTGCTAAGAAGCCTG
GTTTCACAGTTGATGGCAACTCAGCAACAAAGGATAAAAGTACA
ACCGAAGACAATTACTCGAGGAATCATCTAAAAGAGAAGCCGTC
TTCTGGTCAAAATTTTTTAAGCGAAGCAACCATAGCCGAGAGAA
CTGCTGAATGGGGTCTTGCGGTGGACTCAGGGAATTTTAAAGCAT
TAGGGGGAGAGAATACAAGTGGTGGCTCTTTTGATGGTGACAAA
AGCAGAAACTTGTCAGATAGATTTGTTGAATCAACACGGACGTCT
GGGGAGTCAAATTACGGGTCTGAGTCATCATTAGGGGTGTTTCCA
AGGGTGTCACAAGAGTTGAAGGAAGCACTGGCAACGCTGCAAC
AGACATTTGTTGTCTCAGATGCAACAAAACCAGACTGCCCTATCA
TGTATGCCAGCAGTGGCTTTTTTACTATGACTGGCTATTCTTCAAA
AGAGATTATTGGAAGGAATTGTCGATTTCTTCAGGGGCCTGAGAC
CGACAAGAATGAAGTGGCCAAAATTCGGGATGCAACTAGAAATG
GAAGAAGTTATTGTGGCAGACTTTTAAACTACAAGAAAGATGGA

ACTCCATTCTGGAATCTTCTCACTGTCACCCCCATCAAAGATGAC
CATGGCAATACTATCAAATTCATTGGAATGCAGGTTGAGGTGAGC
AAGTACACAGAAGGCATGAATGAAAAGGCATTACGACCAAATGG
ATTACCTAAATCATTAATTCGTTATGATGCTCGTCAAAAGGAGAAA
GCTTTGGGTTCCATCACTGAGGTTGTCCAAACTGTTAAGGACCCA
AAATCCATTATTAATGATAGGAATGGTGATACTGCTACCATGCCTG
AAGAGCAAGAGAAATTCAATTTTGATTTTGTTTTGCCAAAGTCTG
CTGATATTGGGAATACAAGCACACCTGGTAGACAAGCTTCTCCAC
TGAATATCCAACGCATGAGTTCTAGTCAAGATAAGAGCAAGACAT
CATCACGATCAGGACGGATTTCTTTCAAGGGTTTAAAAGGGAGAT
CTCCGAGTTCTGCAGAGGAGAAGCCAATATTTGAACCTGAGGTT
TTGATGACTAAGGAAATAGAGTGGTCTAACAATTTGGAGCATTCA
CTAAGAGAGAGGGACATAAGGCAGGGAATTGATCTAGCAACCAC
ATTGGAGAGGATAGAAAAGAACTTTGTGATTTCTGATCCCAGACT
TCCAGATAACCCAATAATATTTGCATCTGATAGCTTTCTTGAACTT
ACGGAATATACACGAGAAGAAATTTTGGGACGAAATTGTCGGTTT
CTTCAAGGACCAGAAACAGATCAGGCAACTGTTTCCAGGATAAG
GGATGCTATCAGAGAACAAAGGGAAATCACTGTACAGTTGATAA
ACTATACTAAGAGTGGGAAAAAGTTCTGGAATTTGTTTCACTTGC
AACCTATGCGTGACCAAAAGGGTGAACTTCAATACTTCATTGGTG
TTCAACTAGATGGAAGTGATCATGTAGAACCCTTAAAAAACCGCC
TGTCTGAGACAACTGAGCAACAAAGTGCTAAGTTGGTGAAAGCC
ACTGCAGAAATGTTGATGAAGCTGTCCGAGAACTTCCAGATGC
CAACTTGAGACCAGAAGATTTGTGGGCAATTCATTCCCAACCTGT
CTTTCCACGACCTCACAAAAGGACAATCCTTCTTGGATAGCAAT
ACAAAAG

>gma_circ_0000475   Splice_Site:Chr08:30766306..30767498:-Type:
1_CLASSIC   Source_Gene:Glyma.08G264900.Wm82.a2.v1
AATGCAGGTTGAGGTGAGCAAGTACACAGAAGGCATGAATGAAA

AGGCATTACGACCAAATGGATTACCTAAATCATTAATTCGTTATGA
TGCTCGTCAAAAGGAGAAAGCTTTGGGTTCCATCACTGAGGTTG
TCCAAACTGTTAAGGACCCAAAATCCATTATTAATGATAGGAATG
GTGATACTGCTACCATGCCTGAAGAGCAAGAGAAATTCAATTTTG
ATTTTGTTTTGCCAAAGTCTGCTGATATTGGGAATACAAGCACAC
CTGGTAGACAAGCTTCTCCACTGAATATCCAACGCATGAGTTCTA
GTCAAGATAAGAGCAAGACATCATCACGATCAGGACGGATTTCTT
TCAAGGGTTTAAAAGGGAGATCTCCGAGTTCTGCAGAGGAGAAG
CCAATATTTGAACCTGAGGTTTTGATGACTAAGGAAATAGAGTGG
TCTAACAATTTGGAGCATTCACTAAGAGAGAGGGACATAAGGCA
GGGAATTGATCTAGCAACCACATTGGAGAGGATAGAAAAGAACT
TTGTGATTTCTGATCCCAGACTTCCAGATAACCCAATA

>gma_circ_0000542   Splice_Site:Chr09:28947200..28947856:+Type:
1_CLASSIC   Source_Gene:Glyma.09G120400.Wm82.a2.v1
GAAATTGATGCAGTTACAAGTTCATCTTCTGGCCTTGGTGATGGT
TATGTAGCCTTGTTCGTTCGTATGTTAGGCCTTGATCGTGATCCTC
TGGATAGAGAACAAGCTATAGTTGCTCTCTGGAAATATTCGCTTG
GTGGAAAGAAGTGTATAGACACTTTAATGCAGTTTCCTGGTTGTA
TTAATCTTGTTGTGAACCTCCTCCGATCAGAGTCTAGTTCAGCAT
GTGAGGCAGCTGCGGGTCTTCTGCGATCACTATCTTCAGTCAATT
TATATAGAAATTCTGTAGCTGATAGTGGAGCAATAGAAGAGATAA
ACAGATTGCTGAGGCAATCTTCCTTGGCTCCTGAGGTAAAGGAG
CAGAGTTTGAGTGCACTGTGGAATTTATCTGTTGATGAGAAGCTC
TGCATTAAAAATTTCAAAGACTGAGATTCTGCCATTAGCTATTAAGT
ACCTTGGCGACGAGGATATAAAGGTGAAGGAGGCTGCAGGGGGC
ATTTTGGCAAATTTAGCATTGAGCCGCGTTAACCACGACATCATG
GTTGAAGCAGGTGTTATACCTAAATTG

>gma_circ_0000580　　Splice_Site:Chr09:50041784..50042910:−Type:
1_CLASSIC　Source_Gene:Glyma.09G285100.Wm82.a2.v1

CAAATATGGAACGATATTGGGGAGACCGAAGTGGAGAAAGATCG
AATGCTGATGGAATTGGAGAGGGAATGCTTAGAAGTATACAGGA
GAAAGGTTGATGAGGCTGTTAACACCAAAGCACGCTTTCATCAA
ACAGTTGCCGCCAAGGAAGCAGAGCTTGCAACACTAATGGCTGC
GCTTGGCGAACACGATATTCATTCACCGATTAAGACGGAGAAGCG
ATCAGTATCCCTGAAGCAGAAACTTGCATCCATCACACCTTGGGT
TGAAGAATTGAAGAAGAAAAAGATGAAAGGTTGAAGCAATTT
GAAGATGTAAAGGCTCAAATAGAAAGATAAGTGGGGAGATTTT
TGGATTCCATTCTGTCAATAATGCTTTGAGCAGCACAACAGTTGA
GGATGATCAGGACTTGTCACTTAGGAGACTTAATGAATATCAAAC
GCATCTCCGAACACTTCAAAAAGAAAG

>gma_circ_0000673　　Splice_Site:Chr10:7879254..7881864:+Type:
1_CLASSIC　Source_Gene:Glyma.10G075900.Wm82.a2.v1

GTCTTGGAGAAGGATTTGGCTGTTTTTGGGTTCTTTATTGCTTTAG
GCAGAAGTACAAGGTCATTTCTTTTGACAAATGGTTTTGATACTC
TAGATGATCCAATTGAAGATTTCATCAGGTATCTTATTGGAGGCAG
TATTTTATACTACCCTCAGCTCTCATCCATTAGTTCATATCAATTGT
ACGTAGAGGTAGTTTGTGAAGAGTTGGATTGGCTTCCATTTTATC
CGGGAATCACCAGCGTTACAAAACAATCTCATATGCATAGAAGTA
AACATGAAGGTCCTCCCAATGCTGAAGCAGTGCGCCAAGCTTTT
GATGTTTGCTCTCATTGGATGCAGAGCTTTATTAAATACAGTACAT
GGCTGGAGAGCCCTTCAAATGTGAAAGCAGCTGAGTTTCTGTCG
ACAGGGCACAAGAAGTTGATGGAATGCATGGAAGAACTTGGGAT
GATTAGGGATAAGGCATTGGAGACCGAAGGCAAGAAAGCAGCTC
ATAGACGTAGATCTACAGTTCAGTCAACTATAAAAGAGTCAGGTT
CTTTTGATGAGGCATTGAAAAGTGTTGAAGAGACTGTTGTAAGA
CTTGAAAAGTTGCTTCAAGAGTTGCACGTATCAAGCTCTAGTTCT

GGAAAAGAGCATTTGAAAGCAGCCTGTTCTGATTTGGAGAAAAT
ACGAAAACTTTGGAAAGAAGCTGAATTCCTGGAGGCATCTTTTA
GAGCAAAAGCTGATTCTCTGCAAGAG

>gma_circ_0000674　Splice_Site:Chr10:7879254..7891189:+Type:
1_CLASSIC　Source_Gene:Glyma.10G075900.Wm82.a2.v1
GTCTTGGAGAAGGATTTGGCTGTTTTTGGGTTCTTTATTGCTTTAG
GCAGAAGTACAAGGTCATTTCTTTTGACAAATGGTTTTGATACTC
TAGATGATCCAATTGAAGATTTCATCAGGTATCTTATTGGAGGCAG
TATTTTATACTACCCTCAGCTCTCATCCATTAGTTCATATCAATTGT
ACGTAGAGGTAGTTTGTGAAGAGTTGGATTGGCTTCCATTTTATC
CGGGAATCACCAGCGTTACAAAACAATCTCATATGCATAGAAGTA
AACATGAAGGTCCTCCCAATGCTGAAGCAGTGCGCCAAGCTTTT
GATGTTTGCTCTCATTGGATGCAGAGCTTTATTAAATACAGTACAT
GGCTGGAGAGCCCTTCAAATGTGAAAGCAGCTGAGTTTCTGTCG
ACAGGGCACAAGAAGTTGATGGAATGCATGGAAGAACTTGGGAT
GATTAGGGATAAGGCATTGGAGACCGAAGGCAAGAAAGCAGCTC
ATAGACGTAGATCTACAGTTCAGTCAACTATAAAAGAGTCAGGTT
CTTTTGATGAGGCATTGAAAAGTGTTGAAGAGACTGTTGTAAGA
CTTGAAAAGTTGCTTCAAGAGTTGCACGTATCAAGCTCTAGTTCT
GGAAAAGAGCATTTGAAAGCAGCCTGTTCTGATTTGGAGAAAAT
ACGAAAACTTTGGAAAGAAGCTGAATTCCTGGAGGCATCTTTTA
GAGCAAAAGCTGATTCTCTGCAAGAGGGGGGTTGACAGTGGTCGG
ACCTACTCACCAGTTGGTGAAGAGGAGGAGTATATAAAAGGGAA
AAGCAAAAGAATCCTAATGTAAGGGTGGACAGGAGCAAAAGA
AATGTTGGGAAATCCCGTGGATTCTGGAGCATCTTTGGACGTCCT
GTCACCAAAAAGCCTGGCTTGGAGTCTGATGCGGATCCTTATGAA
AACAATATTGAACAGTCTGCACCAAACGTAGGGGTTGTGGACCA
AGAACCCAATGAAATCCGCCGCTTCGAGCTTCTGCGAAATGAGC
TAATAGAACTTGAGAAACGAGTTCAAAGAAGTGCCTATCAATCA

GAAAATAATGAA

>gma_circ_0000724 Splice_Site:Chr11:5979761..5983625:+Type:
1_CLASSIC Source_Gene:Glyma.11G079500.Wm82.a2.v1
TGTCTTTGTCTGAATAACCAAGATCTTCAAGGGCAATGCTATCTCT
GAGAAACGTTTTTCTGAGGAGCGCTTGATCCGGCGTGAAATATTC
TTTGTTGATAATTTTCGTCTTGGACTGTGCGAGTGGAGCAGCCTG
TGTTACTATTAAAGGCATATTCTCTTGCAAGGTTGATTTGCAGAGA
GCATGGCGTCTTGGGATCAAATGGGGGAACTTGCAAATGTGGCA
CAGTTGACTGGTGTAGATGCTGTGCGGCTGATTGGGATGATTGTG
AGAGCTGCAAGCACTGCACGGATGCATAAGAAAAACTGCAGGCA
GTTTGCACAGCATCTGAAGTTGATTGGGAACTTGCTGGAGCAGC
TCAAGATCTCGGAGCTGAAGAAGTACCCGGAAACTAGGGAGCCT
CTGGAGCAGCTGGAAGATGCTCTCAGAAGATCTTATATATTGGTC
AATAGCTGTCAGGACAGGAGCTACCTTTATTTGCTCGCTATGGGC
TGGAACATTGTTTATCAGTTCAGGAAGGCTCAAAACGAAATCGAT
AGATACCTGCGTCTGGTTCCTCTCATTACTCTTGTGGACAATTCTC
GAGTCAGGGAGAGACTTGAAGTTATCGAAATGGATCAACGTGAA
TACACATTGGATGATGAGGACCAAAAGGCACAAACAGTTATTTTT
AAACCTGAGCCTGACAAGGATGACACTGCTGTGTTGAAGAAAAC
ACTATCATGTTCTTACCCCAACTGTTCTTTCACTGAAGCACTTAAA
AAAGAAAATGAAAGCTTAAACTAGAACTACAACGGTCACAAGC
AAATTTGGATATGAATCAGTGTGAAGTCATTCAACGTTTACTAGAT
GTCACAGAAGTTGCAGCTTATTCTGTTCCAGCCAAGTGTTCACCG
GAGAAAGTCACAAGAAAGAGGAATACAATTACTCTGATGTCAA
CAGTGACCAGGACCATTCATCTGATGAAAAATACCATGCAAAAAT
TGACAAGCATTCACCATCAAGATATTCAGTTGCGCAAAAGGATCT
GGCATCAACTGGAGGTTCATATCAGCAGGAAGATTGGCACACTG
ATTTACTCGCTTGTTGTTCTGAACCTTCTCTTTGTATGAAGACATT
CTTCTATCCTTGTGGAACATTTTCAAAGATTGCTTCTGTTGCAAGA

AACAGGCCCATAT

>gma_circ_0000748　　Splice_Site:Chr12:2019935..2021788:-Type:
1_CLASSIC　Source_Gene:Glyma.12G027600.Wm82.a2.v1
AATTTGAACCACAAAAACATTGTAAAGTATCTTGGATCTTCAAAG
ACAAAAAGTCACCTGCACATAGTTCTTGAGTATGTGGAGAATGGC
TCACTTGCAAATAATATCAAGCCAAATAAATTTGGACCTTTTCCAG
AATCATTGGTTGCACTATATATTGCCCAGGTGTTGGAAGGTTTGGT
TTATCTACACGAACAGGGTGTTATCCATCGGGATATTAAGGGTGC
AAACATATTGACAACTAAAGAGGGTCTTGTCAAACTTGCTGATTT
TGGTGTTGCTACAAAATTAACAGAGGCTGATGTTAACACTCATTC
AGTTGTTGGAACACCTTACTGGATGGCCCCAGAGGTTATCGAAAT
GGCTGGGGTTTGTGCAGCTTCTGACATTTGGAGTGTTGGCTGTAC
GGTTATTGAACTTCTGACATGTGTACCTCCTTATTATGATTTGCAG
CCTATGCCAGCTCTTTTCCGTATTGTCCAG

>gma_circ_0000879　　Splice_Site:Chr14:28599039..28601312:+Type:
1_CLASSIC　Source_Gene:Glyma.14G142100.Wm82.a2.v1
CTTTGGAGATTGAGTTTACAAAGTCGCAGATCGTTGCTGCAATCC
CTGGAACCTTTTTTTGTGCGTGGTATGCCTTGCGGAAGCATTGGC
TAGCAAATAATATATTGGGTCTTGCTTTCTGTATACAGGGAATTGA
AATGCTCTCTCTTGGGTCTTTCAAGACTGGTGCTATTCTCTTGGCT
GGACTCTTTGTTTATGACATTTTCTGGGTTTTCTTCACTCCAGTGA
TGGTCAGCGTTGCAAAATCATTTGATGCTCCAATAAAGCTTTTGT
TCCCCACCGCAGATTCTGCAAGGCCATTTTCAATGCTTGGACTTG
GTGACATTGTTATCCCTG

>gma_circ_0001063　　Splice_Site:Chr17:38832139..38834194:+Type:
1_CLASSIC　Source_Gene:Glyma.17G233000.Wm82.a2.v1
GTGACTAATGCTACTAACCAGCAATCCTTATCTGATTGGCAAGAG

CACACTTCTGCTGATGGGAGAAGATATTATTACAACAAGAGGACA
AGGCAATCAAGTTGGGAAAAACCTTTAGAATTGATGTCACCTATA
GAGAGAGCTGATGCATCAACTGTTTGGAAAGAATTCACTTCAGA
AGGAAGAAAGTATTATTACAACAAGGTTACTCAGCAATCAACGTG
GTCAATACCAGAGGAACTTAAGTTGGCTCGTGAGCAGGCACAGA
AAGCTGCAAACCAGGGAATGCAGTCAGAAACAAATGATACATCC
AATGCTGCAGTCTCCTCCACAGCAACACCAACACCAACACCAAC
AGCAGTTAATGCAGCTAGCTTGAACACTTCCTTGACATCAAATCA
TTCAAATGGGCTTGCTTCCAGCCCATCTTCTGTCACACCAATTGC
AGCAACCGATTCTCAACAGTCGGTTTCTGGATTATCTGGGTCCTC
TGTTTCTCACTCTATAGTTACCCCAAGCACCACAGGAGTAGAACC
AAGCACTGTGGTAACTACGAGTGCTGCACCTACAATAGTTGCAG
GAAGCTCTGGACTAGCTGAGAATTCACCTCAACAATCCAAAATG
CCACCCCTTGTTGAAAATCAAGCATCTCAAGATTTTGCTTCTGTA
AATGGATCTTCTCTTCAAGATATCGAG

>gma_circ_0001071　Splice_Site:Chr17:41194474..41195182:+Type:
1_CLASSIC　Source_Gene:Glyma.17G257900.Wm82.a2.v1
ATCCGATTCATTCTGTTGCAGAACAGGCAGGGCAAGACCCGTCTT
GCCAAATACTACGTTCCTCTCGAGGACTCCGAGAAGCACAAGGT
CGAATACGAGGTTCATCGGCTCGTCGTAAACAGAGACCCTAAATA
CACAAATTTCGTCGAGTTTCGTACGCACAAGATAATATACAGGCG
ATATGCTGGGTTATTTTTCTCACTCTGTGTTGATATCACTGATAATG
AGTTGGCGTATTTAGAGTGCATCCATTTGTTTGTGGAAATATTGGA
TCACTTCTTCAGCAATGTCTGTGAGCTCGATTTGGTTTTTAACTTC
CACAAG

>gma_circ_0001186　Splice_Site:Chr19:44531729..44534027:+Type:
1_CLASSIC　Source_Gene:Glyma.19G186900.Wm82.a2.v1
GAACTAAATTCTGATTGGCAACGAGCAGCAACAAGCCTACTTGTT

GCAATAGGCTCACATTTACCAGATCTCATGATGGAAGAAATTTATC
TTCATTTATCCGGGGCAAATTCAGCATTACAGTCTATGGTTCAAAT
CCTTGCAGAATTTGCTTCTACTGATCCCTTGCAGTTCATTCCACAC
TGGAAAGGTGTACTTTCACGAATTTTGCCAATTCTTGGAAATGTG
CGAGACATGCACCGGCCAATTTTTGCAAATGCATTTAAGTGTTGG
TGTCAAGCTGCTTGGCAATATAGTATAGATTTCCCTTCACATTTTC
CCCAAGATGGTGATGTCATGTCATTTCTAAATTCTGCTTTTGAGCT
TTTGTTGAGAGTTTGGGCAGCTTCAAGAGATTTAAAGGTTCGCGT
GGCTTCTGTAGAAGCACTTGGGCAGATGGTAGGTCTCATAACACG
AACACAATTGAAGACTGCCCTACCAAGGCTTATTCCTACAATATT
GGACTTGTATAAAAAGGACCAAGATATAGCTTTTCTGGCTACATG
TAGTCTCCACAATCTTTTAAATGCCTCTTTACTGTCTGAAAGTGGC
CCTCCTATGCTTGATTTTGAG

>gma_circ_0001239   Splice_Site:Chr20:42807576..42808843:–Type:
1_CLASSIC   Source_Gene:Glyma.20G189500.Wm82.a2.v1
GTTGAAGATGCAAGTGATATTGAAGCTATAATGAACTCTGTTAGC
AGAAGTTCAACAAACCAACAGAAGGCTCCCCAACGTGACACTA
AAAGCGAGGCCAAAGCTCAGAAAAACAATATAATACGAATTAGT
CCAGCTGCAAAGTTGCTAATTACAGAGTATGGATTGGATGCGTCA
ACATTGAATGCAACTGGTCCTTATGGCACCCTACTGAAAGGGGAT
GTTCTTTCTGCAATTAAGTCAGGAAAATTATCTCCAAAACCTGCT
TCATCTAAAGAAAGGTATCATCATTTCAAAGTCATCAACAAGTT
GCAGCTTCCCAAGAGTCAAAATCTGACTTAAAGCTGTCAGATGC
TTATGAAGATTTTCCTAATAGTCAAATTCGCAAGGTGATCGCCAA
GAGATTATTGGACTCAAAACAAAATACACCACACTTGTATTTATCA
TCAGATGTCGTACTGGATCCTCTTCTTTCCCTTCGAAAGGATCTTA
AAGAGCAGTATGATGTTAAAGTTTCTGTGAATGACATTATTGTCA
AAGTTGTAGCTGCTGCTCTCAGAAATGTACCAGAAGCAAACG

>gma_circ_0000028   Splice_Site:Chr01:50658434..50658858:+Type:
1_CLASSIC Source_Gene:Glyma.01G169100.Wm82.a2.v1
GAGGCCATTGAGACAATAGTTGCTAGTTCTGCAATGTCTTTCATTA
AAGAGCAAGAGGCAAGTAAAGAAGAAACTCAATCAAAAGAAGA
CAAGTGGGCTAAATGGAAGAGGGGTGGTATCATTGGTGCTGCTG
CCTTAACTGGGGGAACTTTGATGGCTGTTACTGGTGGATTAGCTG
CCCCAGCAATTGCTGCAGGGCTTGGTGCTTTGGCTCCAACCTTGG
GTACTCTGATCCCCGTAATTGGAGCAAGTGGATTTGCTGCAGCTG
CTAGTGCTGCTGGAACTGTTGCTGGTTCTGTTGCTGTTGCTGCAT
CATTTGGAG

>gma_circ_0000187   Splice_Site:Chr04:13778624..13787573:−Type:
1_CLASSIC Source_Gene:Glyma.04G117400.Wm82.a2.v1
GGTGACTTGGGATATCTCTACCTCGATTTGTACTCAAGAAAGGGA
AAGTATCCTGGTTGTGCTCACTTTGCAATTAAAGGGGCTCGCAGA
ATTTCTCAAACAGAATACCAACTTCCAATTGTAGCTCTTGTTTGTA
ACTTTTCGGGTTCTCGGAATCCATCAGCTGTAAGGCTCAATCATT
GGGAAGTAGAAACTCTATTTCATGAGTTTGGACATGCTCTTCATT
CACTGCTTTCAAGAACG

>gma_circ_0000304   Splice_Site:Chr06:11135997..11137024:−Type:
1_CLASSIC Source_Gene:Glyma.06G135500.Wm82.a2.v1
TATGGCCGTATAATGGATATTGAATTGAAGGTTCCTCCCCGCCCTC
CATGTTATTGCTTTGTTGAGTTTGATAATGCTCGAGATGCCGAAGA
TGCAATTCGGGGTCGAGATGGATACAACTTTGATGGTTGTCGGTT
AAGAGTGGAGCTTGCTCATGGTGGTAGAGGGCCATCATCAAGTG
ATCGACGTGGATATGGAGGAGGAGGAGGAGGAGGAGGAGGAGG
TGGTGGCAGCGGCGCAGGCGGGGGTCGTTTTGGCATCTCACGCC
ATTCTGAATTTCGAGTTATTGTTCGCGGACTCCCATCTTCTGCATC
TTGGCAAGATTTGAAGGATCATATGCGAAAAGCTGGTGATGTGTG

TTTTGCTGAGGTTTCCCGTGATAGTGAAG

>gma_circ_0000321 Splice_Site:Chr06:14548004..14549601:+Type:
1_CLASSIC Source_Gene:Glyma.06G173200.Wm82.a2.v1
GCGTCAGAATCTGAATGGGTGGAAGCTTCAGATGATGATGAAGA
AAATGATGATGATGAAGATGAATCTGACAATGATGGTTCAACTGA
TGAGGATGAAGATGATGAGGAAGAGGAGGAGGAAGAGGCTCAG
AATGCATCAGTTCAGGTGGTAGATGCCGTTGCTTTAATCAAAGGG
GTGGGAAAGAATCTGCGGAGGAAAGAAAGGAGGTCACGGATAG
AGCAGATTAGAGCTAGTCTTGGCTTGTCAGATTCACAGAGAACA
CCATTGCCAGGAGAATCCTTGAGGGATTTCTACAGGCGTACAAAT
ATGTATTGGCAAATGGCAGCCCATGAACATACTCAACACACTGGA
AAA

>gma_circ_0000409 Splice_Site:Chr07:41732843..41733603:−Type:
1_CLASSIC Source_Gene:Glyma.07G235800.Wm82.a2.v1
TCTCAACTAGCTGCTGTTAGGCAAAGGCATGGACCTCAAGCTGTA
TTTTCTAGAAATCGGTTCAGAATAAAACGAGATCGTATTTTGGAA
GATGCTTATAATCAAATGAGCCAGTTGACAGAAGATAGTCTTCGA
GGATCGATTCGTGTGACTTTTGTCAATGAATTTGGAGTTGAAGAG
GCTGGAATTGATGGTGGTGGAATATTCAAAGATTTCATGGAGAAC
ATCACACGTGCTGCCTTTGATGTTCAATATGGATTATTTAAGGAAA
CAGCGGATCACCTGCTTTATGCTAATCCTGGATCTGGAATGATACA
TGAACAACATTTCCAATTTTTCCACTTCCTTGGTACTCTTCTTGCA
AAG

>gma_circ_0000423 Splice_Site:Chr07:4931363..4934848:−Type:
1_CLASSIC Source_Gene:Glyma.07G055900.Wm82.a2.v1
AAACTTTGATTGTTTTTTTCAATTCCAAAGGAGTGGAAAATGGCAC
CAAGAAACAGTCGCGGAAAGGCCAAGGGAGAGAAGAAAAAGA

AGGAAGAGAAGGTTCTTCCGGTTGTCATAGACATCACTGTGAAG
CTTCTCGATGAAACTCATGTTCTCAAGGGAATATCAACGGACAGA
ATTATAGATGTTCGTCGGCTTTTATCGGTGAATACGGAGACGTGTT
ATATCACAAATTTTTCCCTGTCGCATGAGGTAAGAGGGCCACGTC
TGAAGGATACGGTGGACGTGTCCGCACTGAAGCCCTGCATCCTC
GATTTAGTTGAAGAGGATTACGATGAAGACCGAGCAGTGGCGCA
CGTGCGAAGACTCCTCGATATCGTCGCCTGCACCACGAGCTTCGG
TCCGCCGTCGCCGAAGAACGACTCCGGTACCGTCCAGAAATCCG
GCAAGTCCGAGGCGCCGCCGTCGAAGCAATCGGCGAAAGATGC
GGCGGCGGCCGACCTGGACGGCGAGATAAGCCACTCGTGCCCTA
AGCTGGAGAACTTCTACGAGTTTTTCTCTCTCTCACACCTCACTG
CACCAATCCAATATGTGAAGAGAGGTTCGAGGCGGCACGTGGAG
GAGATATCGGAGGAGGATTATCTGTTCTCGCTGGATGTGAAGGTG
TGTAACGGGAAAGTGGTGCACGTCGAGGCTTGCAGAAAGGGGTT
TTACAGCGTTGGGAAGCAGCGGATACTGTGCCATAATCTGGTTGA
TCTGTTGAGACAGCTTAGCAGAGCTTTTGATAAT

>gma_circ_0000539   Splice_Site:Chr09:22064126..22064468:+Type:
1_CLASSIC Source_Gene:Glyma.09G111400.Wm82.a2.v1
TGTTCGCATAGTGAGATATGGGGAAGAAGGCGAAGAAAGCTATG
AAGAAGAATTTGAAAAGGGCTTCCTTTAATAAGAATCCATCTGAG
GATGCTGATTTCTTGCCCTTGGAAGGTGGCCCTGCTCGTAAGCTC
GCCGGCCAGCAGAAGCCGCCGCCGCCGCCGGAGAACACCGCCA
CGGTTTTGTACGTCGGTCGGATCCCACATGGGTTCTATGAGAAGG
AGATGGAAG

>gma_circ_0000651   Splice_Site:Chr10:49802432..49803057:+Type:
1_CLASSIC Source_Gene:Glyma.10G275100.Wm82.a2.v1
GGTATCCCCGAGCAAGCTGAAGCTCCACTTGTAGCCCAAGTGCC
TGCAAGTGCTCAACCTACAAATCCTCCTGCTGATGCTCCACAAAC

AGCACAACCTGCTCCAGTTACCTCAGCTGGACCTAATGCTAATCC
ATTAGACCTTTTTCCCCAGGGTCTCCCTAACGTGGGTTCTGGTGC
TGCTGGTGCTGGTTCATTAGACTTTTTACGCAATAGTCAACAATTC
CAAGCCTTGCGAGCTATGGTGCAGGCTAATCCACAAATATTGCAG
CCTATGCTACAAGAGCTTGGCAAACAAAATCCCCATCTAATGAGA
TTGATTCGAGACCATCAAGCTGACTTCCTTCGCCTGATAAATGAA
CCTGCAGAAGGTGCTGAAGG

>gma_circ_0000830   Splice_Site:Chr13:36343547..36345126:+Type:
1_CLASSIC   Source_Gene:Glyma.13G259100.Wm82.a2.v1
GGATTTCGGGATGCGTTTCTGCGGTCTGTTGATTGTGTTGGTTTGT
TGAGTGTGGCGTTAACGTAATTTGGTTTTGAGTGAAGATGATTTT
GTGATGTGGTTGAGTGAGTGGTTTTTGTAGTGGAAGGTTTGTTAC
TTTTGTTGTTGTTGTTGTTGTTGTGTTGGTTTATTTTGTTGAAGAG
TTCGGAACATAGTCGGCGGACGAGAAAAATTGGAATTTTTGGAT
GGGTAATAAACTTGGGAGGAGGAGACAAGTGGTAGATGAGAAAT
ATACGAGGCCGCAAGGGTTGTATAATCATAAAGATGTGGATCACA
AGAAGCTGAGGAAGCTAATACTAGAATCGAAGTTAGCACCTTGCT
ATCCCGGAGATGAAGAAACCGCATACGATCGTGAAGAGTGCCCG
ATTTGCTTTCTGTATTATCCAAGTCTAAACCGATCAAGATGTTGCA
CAAAGAGCATTTGTACAGAGTGCTTTTTGCAGATGAAAGTTCCA
AATTCAACCCGGCCTACACAATGTCCCTTCTGCAAAACGGCAAAT
TATGCTGTGGAGTATCGCGGTGTGAAATCTAAAGAAGAGAAGGG
ATTGGAACAGATTGAAGAGCAACGTGTTATAGAGGCAAAAATTA
GGATGCGGCAGCAGGAACTTCAGGATGAAGAGGAAAGAATGCA
CAAAAGACTGGAAATGAGCTCCTCGAATGTGAATGTGGCAGTTG
CAGATGTTGAATACAGTTCAAATGCAGTGTCTTCATCTTCAGTTTC
TGTTGTTGAAAATGATGAAATTGTTTCTTCTCAAGACTCATGTGC
CACATCAGTGGTTAGAGCAAATGCAACCACTAGGACCAATAG

>gma_circ_0000850　　Splice_Site:Chr13:44990483..44992046:+Type:
1_CLASSIC Source_Gene:Glyma.13G362900.Wm82.a2.v1
GTGCTTCTTCCCTCAAAAAGAGGGTTGAAGATGTCGTGCCAATTG
CTACCGGCCACGAGCGTGAGGAGATTCAGGCCGATCTCGAGGGA
AGGGATATTCTTGAAATAAACCATCCCGTAGGTCCTTTTGGCACA
AAGGAAGCACCTGCTGTTGTTAAATCTTACTTTGACAGAAGGATA
GTTGGATGCCCAGGAGATGAAGGTGAAGGTGAGCATGATGTTGT
CTGGTTTTGGCTGGAGAAAGGCAAGCCTATAGAATGCCCAGTGT
GCTCACAGTATTTTAAG

>gma_circ_0000866　　Splice_Site:Chr14:16758069..16762546:–Type:
1_CLASSIC Source_Gene:Glyma.14G119800.Wm82.a2.v1
AGACTCATGTGGAAGGTGTTTGAAGAGTGCACATTTCAGTGTTTG
GGTTTGTTTTGGAGGCACAGCGAGGGTGTGGAGGAGTTTTTTGG
GTTGAAATGAAACGTTGTGTCGATTAAGATTTAGAGGGTTTGTTT
GTGGACATGTTTTGTGTACTAGGCTGTGGTTATTATTATTGTTGGG
CTTAGGTTTGTGAAAGGGGCAGTGATAGTGAAAGAATGGTGCCT
CCTGGGCCACCCACGCCGATTGGTGGTGCCCAGCCTGTGCCGCC
GTCTCTTTTGAGGTCGAATTCGGGAATGTTGGGGGGCCAAGGGG
GCCCTGTGCCTTCACAAACTTCGTTCCCTTCGCTGGTGGCGCAGC
GAAACCAGTTTAACAACATGAATATGCTAGGGAATATGTCTAATG
TGACTTCCTTGCTGAATCAGTCTTTCCCGAATGGAATTCCAAATT
CAGGGCATGGTGGCCCTGGGAACAGCCAGCGCAGCGGAGGCATT
GATGCTAGGGCGGAAGCGGATCCACTATCTGGTGTTGGCAGTGG
AATGAATTTTGGCAATCAGTTGCAATCAAATTTGATGAACCCTGG
TTCATCTGGTCAAGGTCAGGGTCAACAGTTTTCAAATGCTTCTGG
TAGTCAGATGTTGCCAGATCAACAGCATTCGCAGCAACTTGAACC
TCAGAATTTCCAACAACATAGTCAGCCATCAATGCAACAGTTCTC
TGCTCCTTTGAATGCTCAGCAGCAGCAGCAGCAGCATTTTCAGTC
CATTCGAGGAGGGATGGGTGGTGTTGGGCAGGTGAAGTTGGAGT

CGCAGGTAAACAATGATCAGTTTGGGCACCAGCAGCAGTTGCCG
TCAAGGAATCTTGCTCAGGTGAAGTTGGAACCGCAACAACTTCA
AACATTGAGAAATATGGCACCGGTGAAACTGGAGCCCCAGCATA
ATGATCAGCAGTTTTTGCATCAGCAACAACAGCAGCAGCAGCAG
CATCAACAACAACAACAGCAACAACTGCTCCACATGTCAAGGCA
ATCCTCTCAGGCTGCTGCTGCTCAGATGAATCATCTTTTGCAGCA
GCAGAGACTTTTGCAATATCAACAACATCAGCAGCAACAGCAGC
AACTCCTGAAGACAATGCCTCAACAACGGTCCCCGCTATCACAG
CAGTTTCAACAGCAAAATATGCCTATGAGGTCTCCTGTGAAACCA
GCATATGAACCCGGGATGTGTGCTAGGCGGCTGACACATTACATG
TATCAGCAGCAACATAGACCTGAAGATAACAATATTGAATTCTGG
AGGAAATTTGTTGCTGAGTATTTTGCTCCAAATGCCAAAAAGAAG
TGGTGTGTTTCCATGTATGGAAGTGGCAGACAAACTACTGGAGTT
TTCCCTCAGGATGTATGGCACTGTGAAATATGTAATTGCAAACCT
GGGCGTGGGTTTGAAGCAACTGCTGAGGTTCTTCCCAGGCTTTT
CAAAATAAAATATGAAAGTGGTACTTTGGAAGAGCTACTTTATGT
TGACATGCCTCGGGAATATCATAATTCCTCTGGCCAGATTGTTCTA
GATTATGCAAAAGCAATACAAGAAAGCGTTTTTGAGCAACTTCGT
GTTGTTCGTGATGGTCAACTTCGAATAGTTTTCTCTCCAGACCTG
AAGATATGCTCTTGGGAATTTTGTGCTCGACGCCATGAAGAGCTC
ATCCCCAGAAGATTGTTAATACCTCAGGTTAGTCAACTTGGAGTA
GTTGCTCAAAAATACCAGGCATTTACTCAAAATGCAACACCCAAT
TTATCCGTTCCAGAGTTACAAAATAATTGCAATCTGTTTGTTGCAT
CAGCCCGTCAGTTGGCAAAAGCTTTAGAAGTTCCATTGGTCAATG
ATTTAGGATATACAAAGAGATACGTGCGGTGCCTTCAGATATCAG
AAGTGGTAAATAGTATGAAAGACTTGATAGATTATAGCAGAGAAA
CCAGAACTGGTCCCATGG

>gma_circ_0000980   Splice_Site:Chr16:17328748..17331145:-Type:
1_CLASSIC   Source_Gene:Glyma.16G095700.Wm82.a2.v1

GTTATTCACCAGTTTGAGTTGTTGAATCTCCTCCACTGCTTCTTCT
CCTGATCCTGTTCAGAATCCAAGGAGCTTGGGAACAAACTCCTG
CTCCTTCTTCACCCTGGTCATAAGTTCATGTCTTTGTTTCTTCATTT
CATTTTAATTACCAGAGGCACCACTTCTGGTTTATTGATAGGCAAT
GGGAGGTGCACTGGGAAAGATTGAATCACCCAAAAAGGGATCA
GTGCCAGAAACTAAGCTCGAGGCTAAAATGGTTGAAGCAATGCT
GCGTAGGGAATCTCAAGGAAGTTCCGTGAAATCATTCAACACTAT
AATCTTGAAATTCCCAAAGATTGATGAGAGCCTTAGAAAATGCAA
AGCCATATTTGAGCAGTTTGATGAGGATTCTAATGGGGCAATAGA
TCAAGAGGAGTTGAAAAAGTGTTTCAGTAAGCTGGAAATTTCTT
TTACCGAGGAGGAAATAAATGATCTTTTTGAAGCATGTGATATCA
ACGAGGATATGGTAATGAAGTTCAGTGAGTTTATTGTTCTTCTTTG
CGTTGTCTACCTTCTCAAGGATGACCCTGCAGCTCTTCACGCTAA
ATCACGAATTGGGATGCCAAAGCTGGAGCGCACATTTGAGACTTT
GGTTGATACATTTGTATTCCTAGACAAGAACAAGGATGGATATGT
CAGCAAAAATGAGATGGTCCAAGCTATAAATGAAACTACATCAG
GGGAGCGTTCTTCTGGAAGAATAGCCATGAAAAGATTTG

>gma_circ_0001011   Splice_Site:Chr16:4682080..4683001:+Type:
1_CLASSIC Source_Gene:Glyma.16G048700.Wm82.a2.v1
CTTTGTGAAGTTGATTTGAGTGAGATGTTGCCTCCTGAAGCATTG
GCCCCATTTATAGATGAAATCAAGAAGCGTGCAAATCAGAGGAA
GCAACTTGCAAAAAAGGAAAGAAGGAAAAAATAAAGGCTGAA
GCTACTGCTGCTTATTCTCTTCCCATATCATTAAGTCATCAGTTTAC
TCTCGCGATGATCCTCCAACATTCTCCATGGATGACTTTGAAG

>gma_circ_0001040   Splice_Site:Chr17:2787044..2787767:+Type:
1_CLASSIC Source_Gene:Glyma.17G037600.Wm82.a2.v1
TCTCAACTAGCTGCTGTTAGGCAAAGGCATGGACCTCAAGCTGTA
TTTTCTAGAAATCGATTCAGGATACAACGAGATCATATTTTGGAAG

ATGCTTACAATCAAATGAGTCAGTTGACAGAAGATAGTCTTCGAG
GATCGATTCGTGTGACTTTTGTCAATGAATTTGGAGTTGAAGAGG
CTGGAATTGATGGTGGTGGAATATTCAAAGATTTCATGGAGAACA
TCACACGTGCTGCCTTTGATGTGCAATATGGATTATTTAAGGAAAC
AGCGGATCACCTGCTTTATCCTAATCCTGGATCTGGAATGATACAT
GAACAACATTTCCAATTTTTCCACTTCCTTGGTACTCTTCTCGCAA
AG

>gma_circ_0001081   Splice_Site:Chr17:8203247..8205708:–Type:
1_CLASSIC   Source_Gene:Glyma.17G104200.Wm82.a2.v1
ATTGCTTGTGCTACAGCTGGGGATGCCAGGGGATGGATGGAAGC
ATTTGATCAGGCCAAGCAACAGGCTGAGTATGAGCTGTCAAGAG
GAGTTAGTGCCAGAGAAAAACTAAACATGGAAGCCGAGATCAAT
CTTGAAGGACATCGACCTAGAGTGAGGCGATATGCCCATGGGTTG
AGGAAGCTCATAAGAATTGGCCAAGGCCCAGAGAAACTGTTACG
ACAATCATCAAAGTTGGCTATTAGGCCTGATGGGTTTGAAGGGGA
CAGTGGAGATGCAGTTGAAGCACATCAATGGAAATGCGTTCTTAC
TGTGGCTG

>gma_circ_0001189   Splice_Site:Chr19:46667408..46670197:–Type:
1_CLASSIC   Source_Gene:Glyma.19G213300.Wm82.a2.v1
ATCCGTTCATACGGTGGTTAGATGATGGAATCCTGTGATTGTATAG
ACACACAGTATCCTCCAGATGAACTTCTCGTAAAGTATCAGTATAT
CTCGGATGTGCTAATTGCTCTTGCCTATTTTTCTATTCCCGTGGAG
CTCATCTATTTTGTTCAGAAGTCTGCTTTCTTTCCATATAGATGGG
TGCTTATGCAGTTTGGTGCTTTTATTGTTCTCTGTGGAGCAACTCA
TTTCATAAACCTGTGGACATTCTCCCCACACTCTAAGGCTGTTGC
TGTTGTCATGACGATTGCCAAAGTGTCGTGTGCTATTGTGTCATGT
GCGACTGCTCTGATGCTTGTACACATTATTCCCGATCTGTTGAGTG
TCAAGACGCGCGAATTATTCCTGAAGAACAAGGCTGAAGAGCTT

GACAGGGAGATGGGACTTATTCTTACTCAAGAAGAGACTGGAAG
GCATGTTAGAATGTTGACTCATGAAATTAGGAGCACACTTGACAG
GCATACTATTTTAAAGACTACTCTTGTGGAGCTGGGGAGGACTTT
GGGCTTGGAGGAGTGTGCATTATGGATGCCTTCAAGAAGTGGTCT
GAATCTGCAACTTTCCCATACTTTAACCTACCACGTGCAAGTTGG
GTCTACAGTGCAAACAAACAATCCTATTGTCAATGAAGTTTTCAA
CAGTCCTCGAGCTATGCGGATACCACCAACCTGTCCACTGGCCAG
GATCAGACCTCTTGTGGGAAGATATGTGCCGCCTGAAGTTGTTGC
TGTTCGGGTGCCACTTCTAAATTTGTCCAATTTTCAAATCAACGAT
TGGCCCGATATGTCAGCAAAAGCTATGCAATCATGGTTCTCATC
CTCCCTACTGATAGTGTTAGAAAATGGCGAGACCATGAGTTGGAA
CTTGTTGATGTGGTTGCAGATCAGGTAGCAGTTGCCCTTTCACAT
GCTGCTATTTTGGAGGAGTCTATGCGAGCCCGTGATCAACTCTTG
GAGCAGAATGTCGCTTTAGATTTAGCTCGGCAAGAGGCAGAGAT
GGCAATTCATGCCCGCAACGATTTTCTTGCCGTCATGAATCATGA
AATGAGGACGCCAATGCATGCAATTATAGCATTGTCATCCCTTCTC
TTGGAGACTGAACTGACTCCAGAGCAGAGGGTTATGATAGAGAC
AGTGTTGAAGAGTAGTAATGTTTTGGCGACACTCATTAATGATGT
TCTAGATCTTTCTCGACTTGAAGATGGTAGCCTCGAATTAGAAAA
GGGAAAATTCAACCTTCATGGTGTTTTGGGAGAGATCGTTGAACT
GATAAAACCAATAGCATCTGTGAAAAAGTTACCTATCACCTTAATT
CTGTCTCCTGATCTGCCTACTCATGCCATTGGTGATGAAAAGCGA
CTTACACAAACTCTTTTGAATGTTGTGGGTAATGCTGTCAAATTC
ACTAAGGAGGGCTATGTTTCTATAAGAGTATCGGTTGCAAAACCA
GAATCTTTACAGGATTGGCGACCTCCAGAGTTTTATCCAGCATCT
AGTGATGGCCATTTCTACATACGAGTCCAG

>gma_circ_0001236 Splice_Site:Chr20:42597626..42601343:+Type:
1_CLASSIC Source_Gene:Glyma.20G187400.Wm82.a2.v1
AGTCGCTATAGAGATTCCAAAAGTTGAAGTCCGATTTGAGCATTT

GTTTGTGGAAGGAGATGCATTTAATGGAACCAGAGCACTGCCAA
CCTTAGTGAACTCCACCATGAATGCGATAGAGAGAATTCTTGGAT
CAATTAATCTTCTTCCATCAAAGAGAAGTGTTATCAAGATACTCCA
AGATGTTAGTGGAATTGTCAAGCCTGCAAGATTGACCTTGCTTTT
GGGGCCTCCAAGATCAGGAAAAACTACACTGCTGCAAGCACTTG
CGGGGAAACTGGATAGGGATTTAAGG

>gma_circ_0001262　Splice_Site:Chr20:47537937..47538481:+Type:
1_CLASSIC　Source_Gene:Glyma.20G244900.Wm82.a2.v1
TTCGGGGGATGATGTATTATAGGAAAGCTCTTATGCTTCAGACCTA
TTTGGAGAGGACAACTGCTGGAGATTTGGAGGCTGCAATAGGTT
GTGATGAAGTAACTAATACGCATGGCTTTGAATTATCCCCTGAGG
CACGTGCCCAGGCAGATCTTAAGTTCACTTATGTTGTGACATGTC
AAATTTATGGTAAGCAGAAAGAAGAGCAAAAGCCTGAGGCTGCT
GATATTGCTTTACTTATGCAAAGAAATGAAGCTCTTCGGGTCGCTT
TCATTGATGTTGTTGAAACTTTAAAAGAGGGAAAAGTGAACACA
GAATACTACTCAAAGCTTGTGAAAGCTGATATCAATGGGAAAGAC
AAG

>gma_circ_0001269　Splice_Site:Chr20:576720..577762:−Type:
1_CLASSIC　Source_Gene:Glyma.20G005900.Wm82.a2.v1
AAGAGACAGTTTCATCACACACAGAGCCTTCTGTGATGCTTTGGC
ACAAGAAAGTGCAAGAGAGGCACCAAACCTGAGCAGTGCCATT
GGCAACCAACTGTATGGAAACAGCAACAACATGTCCTTAGGCTTA
TCTCAAATCCCTTCCATCCATGACCAAAACCCTCAACCTAGTGAA
CTAATGCGTTTTAGTGGTGCGCCAAGGGCTGGTCAATTTGACCAC
ATTCTCCCACCCAACATTGCCTCATCATCACCCTTTAGACATTCCA
TGCAAACCCCTCCATTCTTCTTGCAAGAATCAAACCAAACCTACC
ATGACTCAAACAAGCCATTCCAAGGACTGATACAATTATCTGACC
TAAACAACAATAACCCTTCTGCCTCCAACCTCTTCAACCTTCCTT

TTCTTTCCAACCGTGCCATCAACAGCAACAACTATTCTGAGGAAC
ACAATTCAACACTGCTGAAGGGTCCAATTTCTTCTCAGAAGGCA
CCATGAATATTGGCAGTACTGATCACCAAACTAGCTCCACCACTG
TCCCTTCTCTCTTCAGCACCAATTCCCTTCAAAACAACCACCTTT
CTCACATGTCCGCAACTGCACTGCTTCAAAAAGCTTCTCAAATTG
GCTCTGCAAGTTCAAGCAACAGCATCAACATCAACAACACCACC
ACCACCAACAACAACACTAGTGCCTCCTCTCTTCTTAGAAGCTTA
GCATCAAAATCTGATCATCAGAGGCAACTCGGTGGTGGTGGTGCT
GCTGCAAACTATGCAACCATCTTCAACAACAGTGTTCAGGAAAT
GATGAACATTTCAGGGTTTGAAGCATATGATCATCATGGTGGCAT
GAACAAAGAACAAAAACTCGGTGGTGTTGGAGGCTCTGATAGGC
TCACAAGGGACTTTCTAGGAGTTGCACAACAACAACAGCGAGAA
GGGTTTAACTTGATGAGTTCTTTGGAAGCAGAGACAAACAATAA
CGCTGCGCCGTCAGGTCAATCTTTTGGAAGTGGTGGGAACTTTC
AGTGAAGTACAAAAAG

参考文献

[1] VIALA E. Water for food, water for life a comprehensive assessment of water management in agriculture[J]. Irrigation & Drainage Systems, 2008, 22(1): 127-129.

[2] AHMAD P, HAMEED A, ABD-ALLAH E F, et al. Biochemical and molecular approaches for drought tolerance in plants[C]//AHMAD P, WAMI M R. Physiological Mechanisms and Adaptation Strategies in Plants Under Changing Environment. New York: Springer, 2014: 1-29.

[3] AKPINAR B A, LUCAS S J, BUDAK H. Genomics approaches for crop improvement against abiotic stress [J]. The Scientific World Journal, 2013, 2013: 361921.

[4] FOYER C H, LAM H M, NGUYEN H T, et al. Neglecting legumes has compromised human health and sustainable food production[J]. Nature Plants, 2016, 2(8): 16112.

[5] 韩兰英, 张强, 贾建英, 等. 气候变暖背景下中国干旱强度、频次和持续时间及其南北差异性[J]. 中国沙漠, 2019, 39(5): 1-10.

[6] 韩兰英. 气候变暖背景下中国农业干旱灾害致灾因子、风险性特征及其影响机制研究[D]. 兰州: 兰州大学, 2016.

[7] MANAVALAN L P, GUTTIKONDA S K, TRAN L S, et al. Physiological and molecular approaches to improve drought resistance in soybean[J]. Plant & Cell Physiology, 2009, 50(7): 1260-1276.

[8] 吴其林. 土壤干旱对大豆种子萌发、幼苗生长的影响及复水后的补偿生长研究[D]. 成都: 四川农业大学, 2008.

［9］VIEIRA R D,TEKRÓNY D M,EGLI D B. Effect of drought and defoliation stress in the field on soybean seed germination and vigor［J］. Crop Science,1992,32(2):471-475.

［10］DUBEY A,KUMAR A,ABD_ALLAH E F,et al. Growing more with less: Breeding and developing drought resilient soybean to improve food security［J］. Ecological Indicators,2019,105:425-437.

［11］OHASHI Y,NAKAYAMA N,SANEOKA H,et al. Effects of drought stress on photosynthetic gas exchange,chlorophyll fluorescence and stem diameter of soybean plants［J］. Biologia Plantarum,2006,50(1):138-141.

［12］邹琦,王滔. 干旱条件下大豆叶水分状况与渗透调节［J］. 大豆科学,1994(4):312-320.

［13］BARTELS D,SUNKAR R. Drought and salt tolerance in plants［J］. Critical Reviews in Plant Sciences,2005,24(1):23-58.

［14］STREETER J G,LOHNES D G,FIORITTO R J. Patterns of pinitol accumulation in soybean plants and relationships to drought tolerance［J］. Plant,Cell & Environment,2001,24(4):429-438.

［15］TAJI T,OHSUMI C,IUCHI S,et al. Important roles of drought- and cold-inducible genes for galactinol synthase in stress tolerance in *Arabidopsis thaliana*［J］. The Plant Journal,2002,29(4):417-426.

［16］YANCEY P H,CLARK M E,HAND S C,et al. Living with water stress:evolution of osmolyte systems［J］. Science,1982,217(4566):1214-1222.

［17］CRISTINA N B A,FÁBIA G D,FERNANDA C,et al. Expression pattern of drought stress marker genes in soybean roots under two water deficit systems［J］. Genetics & Molecular Biology,2012,35(1 Suppl 1):212-221.

［18］ZHANG J H,SCHURR U,DAVIES W J. Control of stomatal behaviour by abscisic acid which apparently originates in the roots［J］. Journal of Experimental Botany,1987,38(192):1174-1181.

［19］CORNIC G. Drought stress and high light effects on leaf photosynthesis［J］. Photoinhibition of Photosynthesis,1994,17:297-313.

［20］CHAVES M M. Effects of water deficits on carbon assimilation［J］. Journal of

Experimental Botany,1991,42(1):1-16.

[21]CORNIC G,GHASHGHAIE J,GENTY B,et al. Leaf photosynthesis is resistant to a mild drought stress[J]. Photosynthetica,1992,27(3):295-309.

[22]HAUPT-HERTING S,FOCK H P. Exchange of oxygen and its role in energy dissipation during drought stress in tomato plants[J]. Physiologia Plantarum, 2000,110(4):489-495.

[23]TEZARA W,MITCHELL V J,DRISCOLL S D,et al. Water stress inhibits plant photosynthesis by decreasing coupling factor and ATP[J]. Nature,1999,401 (6756):914-917.

[24]LAUER M J,BOYER J S. Internal CO_2 measured directly in leaves:Abscisic acid and low leaf water potential cause opposing effects[J]. Plant Physiology, 1992,98(4):1310-1316.

[25]SHANGGUAN Z P,SHAO M,DYCKMANS J. Interaction of osmotic adjustment and photosynthesis in winter wheat under soil drought[J]. Journal of Plant Physiology,1999,154(5-6):753-758.

[26]WANG W S,WANG C,PAN D Y,et al. Effects of drought stress on photosynthesis and chlorophyll fluorescence images of soybean (*Glycine max*) seedlings [J]. International Journal of Agricultural and Biological Engineering,2018,11 (2):196-201.

[27]SIDDIQUE Z,JAN S,IMADI S R,et al. Drought stress and photosynthesis in plants[M]. New York:John Wiley & Sons,Ltd,2016.

[28]LIU Y,GAI J Y,LV H N,et al. Identification of drought tolerant germplasm and inheritance and QTL mapping of related root traits in soybean (*Glycine max* (L.) Merr.)[J]. Acta Genetica Sinica,2005,32(8):855-863.

[29]WANG M,ZHANG C Y,MA T F,et al. Studies on the drought resistance of seedling in soybean[J]. Chinese Journal of Oil Crop Scieves,2004,26(3): 29-32.

[30]贾强生,卫铃,杨海峰. 大豆幼苗期根系特性和抗旱性关系初探[J]. 陕西农业科学,2006(2):12-13.

[31]GARAY A F,WILHELM W W. Root systemcharacteristics of two soybean iso-

lines undergoing water stress condition[J]. Agronomy Journal,1984,75(6): 973-977.

[32]TZENOVA V,KIRKOVA Y,STOIMENOV G. Methods for plant water stress evaluation of soybean canopy[J]. Balwois,2008.

[33]刘学义,任冬莲,李晋明,等. 大豆成苗期根毛与抗旱性的关系研究[J]. 山西农业科学,1996,24(1):27-30.

[34] WU Y J, COSGROVE D J. Adaptation of roots to low water potentials by changes in cell wall extensibility and cell wall proteins[J]. Journal of Experimental Botany,2000,51(350):1543-1553.

[35]路贵和,刘学义,张学武. 不同抗旱类型大豆品种气孔特性初探[J]. 山西农业科学,1994,22(4):8-11.

[36]黎裕. 作物抗旱鉴定方法与指标[J]. 干旱地区农业研究,1993(1): 91-99.

[37]MANAVALAN L P,GUTTIKONDA S K,PHAN TRAN L S,et al. Physiological and molecular approaches to improve drought resistance in soybean[J]. Plant & Cell Physiology,2009,50(7):1260-1276.

[38] BRETT F. A Comprehensive survey of international soybean research - genetics,physiology,agronomy and nitrogen relationships[M]. InTech,2013.

[39]STOLF-MOREIRA R,MEDRI M E,NEUMAIER N,et al. Soybean physiology and gene expression during drought[J]. Genetics & Molecular Research, 2010,9(4):1946-1956.

[40]SLOANE R J,PATTERSON R P,CARTER T E. Field drought tolerance of a soybean plant introduction[J]. Crop Science,1990,30(1):118-123.

[41]SHACKEL K A,FOSTER K W,HALL A E. Genotypic differences in leaf osmotic potential among grain sorghum cultivars grown under irrigation and drought[J]. Crop Science,1982,22(6):1121-1125.

[42]谢晨,谢皓,陈学珍. 大豆抗旱形态和生理生化指标研究进展[J]. 北京农学院学报,2008,23(4):74-76.

[43]王启明,徐心诚,马原松,等. 干旱胁迫下大豆开花期的生理生化变化与抗旱性的关系[J]. 干旱地区农业研究,2005(4):98-102.

[44]PORCEL R,AZCÓN R,RUIZ-LOZANO J M. Evaluation of the role of genes encoding for Δ1-pyrroline-5-carboxylate synthetase (P5CS) during drought stress in arbuscular mycorrhizal Glycine max and Lactuca sativa plants[J]. Physiological and Molecular Plant Pathology,2004,65(4):211-221.

[45]DERONDE J A,SPREETH M H,CRESS W A. Effect of antisense L-Δ1-pyrroline-5-carboxylate reductase transgenic soybean plants subjected to osmotic and drought stress[J]. Plant Growth Regulation,2000,32(1):13-26.

[46]FOYER C H,NOCTOR G. Redox sensing and signalling associated with reactive oxygen in chloroplasts, peroxisomes and mitochondria [J]. Physiologia Plantarum,2003,119(3):355-364.

[47]AGARWAL S,SAIRAM R K,SRIVASTAVA G C,et al. Changes in antioxidant enzymes activity and oxidative stress by abscisic acid and salicylic acid in wheat genotypes[J]. Biologia Plantarum,2007,49(4):541-550.

[48]MITTLER R. Oxidativestress,antioxidants and stress tolerance[J]. Trends in Plant Science,2002,7(9):405-410.

[49]MASOUMI H,MASOUMI M,DARVISH F,et al. Change in several antioxidant enzymes activity and seed yield by water deficit stress in soybean (*Glycine max* L.) cultivars[J]. Notulae Botanicae Horti Agrobotanici Cluj-Napoca,2010, 38(3):86-94.

[50]AHUJA I,DE VOS R C H,BONES A M,et al. Plant molecular stress responses face climate change[J]. Trends in Plant Science,2010,15(12):664-674.

[51]ZHANG J H,JIA W S,YANG J C,et al. Role of ABA in integrating plant responses to drought and salt stresses[J]. Field Crops Research,2006,97(1): 111-119.

[52]XIONG L,ZHU J K. Molecular and genetic aspects of plant responses to osmotic stress[J]. Plant, Cell & Environment,2002,25(2):131-139.

[53]ZHAO Z G,CHEN G C,ZHANG C L. Interaction between reactive oxygen species and nitric oxide in drought-induced abscisic acid synthesis in root tips of wheat seedlings[J]. Functional Plant Biology,2001,28(10):1055-1061.

[54]WILKINSON S,DAVIES W J. Drought,ozone,ABA and ethylene:new insights

from cell to plant to community[J]. Plant, Cell & Environment, 2010, 33(4): 510-525.

[55] GONG Z H, XIONG L M, SHI H Z, et al. Plant abiotic stress response and nutrient use efficiency [J]. Science China, Life Sciences, 2020, 63 (5): 635-674.

[56] YAMAGUCHI–SHINOZAKI K, SHINOZAKI K. Organization of cis–acting regulatory elements in osmotic– and cold–stress–responsive promoters[J]. Trends in Plant Science, 2005, 10(2): 88-94.

[57] SHUKLA P S, SHOTTON K, NORMAN E, et al. Seaweed extract improve drought tolerance of soybean by regulating stress–response genes[J]. AOB Plants, 2018, 10(1): plx051.

[58] WANG W X, VINOCUR B, ALTMAN A. Plant responses to drought, salinity and extreme temperatures: towards genetic engineering for stress tolerance[J]. Planta, 2003, 218(1): 1-14.

[59] MARUYAMA K, SAKUMA Y, KASUGA M, et al. Identification of cold-inducible downstream genes of the Arabidopsis DREB1A/CBF3 transcriptional factor using two microarray systems[J]. Plant Journal, 2004, 38(6): 982-993.

[60] KIDOKORO S, WATANABE K, OHORI T, et al. Soybean DREB1/CBF–type transcription factors function in heat and drought as well as cold stress–responsive gene expression[J]. Plant Journal, 2015, 81(3): 505-518.

[61] SU L T, LI J W, LIU D Q, et al. A novel MYB transcription factor, GmMYBJ1, from soybean confers drought and cold tolerance in Arabidopsis thaliana[J]. Gene, 2014, 538(1): 46-55.

[62] WADE P. Postgenomics: Perspectives on Biology after the Genome ed. by Sarah S. Richardson and Hallam Stevens[J]. Technology and Culture, 2016, 57(3): 701-702.

[63] LI X Y, WANG X, ZHANG S P, et al. Identification of soybean microRNAs involved in soybean cyst nematode infection by deep sequencing[J]. PloS ONE, 2012, 7(6): e39650.

[64] RAMESH S V, GUPTA G K, HUSAIN S M. Soybean (*Glycine max*) micro-

RNAs display proclivity to repress Begomovirus genomes[J]. Current Science, 2016,110(3):424-428.

[65]STEEVES R M,TODD T C,ESSIG J S,et al. Transgenic soybeans expressing siRNAs specific to a major sperm protein gene suppress Heterodera glycines reproduction[J]. Functional Plant Biology,2006,33(11):991-999.

[66]GUTTMAN M,RINN J L. Modular regulatory principles of large non-coding RNAs[J]. Nature,2012,482(7385):339-346.

[67]KHALDUN A B M,HUANG W J,LV H Y,et al. Comparative profiling of miRNAs and target gene identification in distant-grafting between tomato and lycium (goji berry)[J]. Frontiers in Plant Science,2016,7(1475).

[68]ZHANG B. MicroRNA:a new target for improving plant tolerance to abiotic stress[J]. Journal of Experimental Botany,2015,66(7):1749-1761.

[69]JUNG I,AHN H,SHIN S J,et al. Clustering and evolutionary analysis of small RNAs identify regulatory siRNA clusters induced under drought stress in rice [J]. BMC Systems Biology,2016,10(Suppl 4):115.

[70]SAZE H,TSUGANE K,KANNO T,et al. DNA methylation in plants:relationship to small RNAs and histone modifications,and functions in transposon inactivation[J]. Plant & Cell Physiology,2012,53(5):766-784.

[71]YANG L,FROBERG J E,LEE J T. Long noncoding RNAs:fresh perspectives into the RNA world[J]. Trends in Biochemical Sciences, 2014, 39 (1): 35-43.

[72]WANG K C,CHANG H Y. Molecular mechanisms of long noncoding RNAs [J]. Molecular Cell,2011,43(6):904-914.

[73]YOON J H,ABDELMOHSEN K,GOROSPE M. Posttranscriptional gene regulation by long noncoding RNA[J]. Journal of Molecular Biology, 2013, 425 (19):3723-3730.

[74]GUTTMAN M,RINN J L. Modular regulatory principles of large non-coding RNAs[J]. Nature,2012,482(7385):339-346.

[75]FRANCIA S. Non-coding RNA:sequence-specific guide for chromatin modification and DNA damage signaling[J]. Frontiers in Genetics,2015,6:320.

[76] MEMCZAK S,JENS M,ELEFSINIOTI A,et al. Circular RNAs are a large class of animal RNAs with regulatory potency [J]. Nature, 2013, 495 (7441): 333-338.

[77] JECK W R,SORRENTINO J A,WANG K,et al. Circular RNAs are abundant, conserved, and associated with ALU repeats [J]. RNA, 2013, 19 (2): 141-157.

[78] SALZMAN J,CHEN R E,OLSEN M N,et al. Cell-type specific features of circular RNA expression[J]. PLoS Genetics,2013,9(9):e1003777.

[79] CONN S J,PILLMAN K A,TOUBIA J,et al. The RNA binding protein quaking regulates formation of circRNAs[J]. Cell,2015,160(6):1125-1134.

[80] SANGER H L,KLOTZ G,RIESNER D,et al. Viroids are single-stranded covalently closed circular RNA molecules existing as highly base-paired rod-like structures[J]. Proceedings of the National Academy of Sciences of the United States of America,1976,73(11):3852-3856.

[81] ROOSSINCK M J,SLEAT D,PALUKAITIS P. Satellite RNAs of plant viruses: Structures and biological effects[J]. Microbiological Reviews,1992,56(2): 265-279.

[82] FLORES R,GAGO-ZACHERT S,SERRA P,et al. Viroids:survivors from the RNA world? [J]. Annual Review of Microbiology,2014,68(1):395-414.

[83] COCQUERELLE C,DAUBERSIES P,MAJÉRUS M A,et al. Splicing with inverted order of exons occurs proximal to large introns[J]. The EMBO Journal, 1992,11(3):1095-1098.

[84] ZAPHIROPOULOS P G. Circular RNAs from transcripts of the rat cytochrome P450 2C24 gene:correlation with exon skipping[J]. Proceedings of the National Academy of Sciences of the United States of America, 1996,93(13): 6536-6541.

[85] CAPEL B,SWAIN A,NICOLIS S,et al. Circular transcripts of the testis-determining gene Sry in adult mouse testis[J]. Cell,1993,73(5):1019-1030.

[86] HOUSELEY J M, GARCIA-CASADO Z, PASCUAL M, et al. Noncanonical RNAs from transcripts of the Drosophila muscleblind gene[J]. Journal of He-

redity,2006,97(3):253-260.

[87]SALZMAN J,GAWAD C,WANG P L,et al. Circular RNAs are the predomi-
nant transcript isoform from hundreds of human genes in diverse cell types[J].
PloS ONE,2012,7(2):e30733.

[88]YE C Y,CHEN L,LIU C,et al. Widespread noncoding circular RNAs in plants
[J]. New Phytologist,2015,208(1):88-95.

[89]WANG P L,BAO Y,MUH-CHING Y,et al. Circular RNA is expressed across
the eukaryotic tree of life[J]. Plos ONE,2014,9(3):e90859.

[90]LU T T,CUI L L,ZHOU Y,et al. Transcriptome-wide investigation of circular
RNAs in rice[J]. RNA,2015,21(12):2076-2087.

[91]LEE S M,KONG H G,RYU C M. Are circular RNAs new kids on the block?
[J]. Trends in Plant Science,2017,22(5):357-360.

[92]SHEN Y D,GUO X W,WANG W M. Identification and characterization of cir-
cular RNAs in zebrafish[J]. FEBS Letters,2017,591(1):213-220.

[93]LAI X L,BAZIN J,WEBB S,et al. CircRNAs in Plants[J]. Advances in Ex-
perimental Medicine and Biology,2018,1087:329-343.

[94]LIU J,LIU T,WANG X M,et al. Circles reshaping the RNA world:from waste
to treasure[J]. Molecular Cancer,2017,16(1):58.

[95]陈昊. 基因芯片分析提示多种环状 RNA 的表达变化与食管鳞癌的发生发
展相关[D]. 福州:福建医科大学,2017.

[96]郭春阳. 不同类氨基酸的特性对蛋白质折叠速率的影响及内含子的相互
匹配特征研究[D]. 呼和浩特:内蒙古师范大学,2018.

[97]张磊. 环状 RNA-circPLEKHM3 在卵巢癌中的作用和机制研究[D]. 杭
州:浙江大学,2019.

[98]LI Z Y,HUANG C,BAO C,et al. Exon-intron circular RNAs regulate tran-
scription in the nucleus[J]. Nature Structural & Molecular Biology,2015,22
(3):256-264.

[99]BURD C E,JECK W R,LIU Y,et al. Expression of linear and novel circular
forms of an INK4/ARF-associated non-coding RNA correlates with atheroscle-
rosis risk[J]. PLoS Genet,2010,6(12):e1001233.

［100］ZHANG X O,WANG H B,ZHANG Y,et al. Complementary sequence-mediated exon circularization［J］. Cell,2014,159(1):134-147.

［101］MOORE M J,PROUDFOOT N J. Pre-mRNA processing reaches back to transcription and ahead to translation［J］. Cell,2009,136(4):688-700.

［102］JECK W R,SHARPLESS N E. Detecting and characterizing circular RNAs ［J］. Nature Biotechnology,2014,32(5):453-461.

［103］SUN X Y, WANG L, DING J C, et al. Integrative analysis of *Arabidopsis thaliana* transcriptomics reveals intuitive splicing mechanism for circular RNA ［J］. FEBS Letters,2016,590(20):3510-3516.

［104］CHEN L,ZHANG P,FAN Y,et al. Circular RNAs mediated by transposons are associated with transcriptomic and phenotypic variation in maize［J］. New Phytologist,2018,217(3):1292-1306.

［105］ASHWAL-FLUSS R, MEYER M, PAMUDURTI N R, et al. CircRNA biogenesis competes with pre-mRNA splicing［J］. Molecular Cell,2014,56 (1):55-66.

［106］AKTAS T,AVSAR ILIK I,BHARDWAJ V,et al. DHX9 suppresses RNA processing defects originating from the Alu invasion of the human genome［J］. Nature,2017,544(7648):115-119.

［107］RYBAK-WOLF A,STOTTMEISTER C,GLAZAR P,et al. Circular RNAs in the mammalian brain are highly abundant, conserved, and dynamically expressed［J］. Molecular Cell,2015,58(5):870-885.

［108］CHENG Y,KATO N,WANG W,et al. Two RNA binding proteins,HEN4 and HUA1,act in the processing of AGAMOUS pre-mRNA in Arabidopsis thaliana ［J］. Developmental Cell,2003,4(1):53-66.

［109］MOCKLER T C,YU X,SHALITIN D,et al. Regulation of flowering time in Arabidopsis by K homology domain proteins［J］. Proceedings of the National Academy of Sciences of the United States of America,2004,101(34):12759-12764.

［110］RODRIGUEZ-CAZORLA E,RIPOLL J J,ANDUJAR A,et al. K-homology nuclear ribonucleoproteins regulate floral organ identity and determinacy in arabidopsis[J]. PLoS Genetics,2015,11(2):e1004983.

[111]JIANG J F,WANG B S,SHEN S,et al. The arabidopsis RNA binding protein with K homology motifs,SHINY1,interacts with the C-terminal domain phosphatase-like 1 (CPL1) to repress Stress-inducible gene expression[J]. PLoS Genetics,2013,9(7):e1003625.

[112]GUAN Q M,WEN C L,ZENG H T,et al. A KH domain-containing putative RNA-binding protein is critical for heat stress-responsive gene regulation and thermotolerance in Arabidopsis[J]. Molecular Plant,2013,6(2):386-395.

[113]JEONG I S,FUKUDOME A,AKSOY E,et al. Regulation of abiotic stress signalling by Arabidopsis C-terminal domain phosphatase-like 1 requires interaction with a k-homology domain-containing protein[J]. PLoS ONE,2013,8(11):e80509.

[114]THATCHER L F,KAMPHUIS L G,HANE J K,et al. The arabidopsis KH-domain RNA-binding protein ESR1 functions in components of jasmonate signalling,unlinking growth restraint and resistance to stress[J]. PLoS ONE,2015,10(5):e0126978.

[115]SUZUKI H,ZUO Y H,WANG J H,et al. Characterization of RNase R-digested cellular RNA source that consists of lariat and circular RNAs from pre-mRNA splicing[J]. Nucleic Acids Research,2006,34(8):e63.

[116]TAN J J,ZHOU Z J,NIU Y J,et al. Identification and functional characterization of tomato circRNAs derived from genes involved in fruit pigment accumulation[J]. Scientific Reports,2017,7(1):8594.

[117]LI C L,QIN S W,BAO L H,et al. Identification and functional prediction of circRNAs in Populus Euphratica Oliv. heteromorphic leaves[J]. Genomics,2020,112(1):92-98.

[118]ZHANG Y,ZHANG X O,CHEN T,et al. Circular intronic long noncoding RNAs[J]. Molecular Cell,2013,51(6):792-806.

[119]WANG P L,BAO Y,MCH-CHING Y,et al. Circular RNA is expressed across the eukaryotic tree of life[J]. PloS ONE,2014,9(6):e95116.

[120]ZHAO W,CHENG Y H,ZHANG C,et al. Genome-wide identification and

characterization of circular RNAs by high throughput sequencing in soybean [J]. Scientific Reports,2017,7(1):5636.

[121]CHEN G,CUI J W,WANG L,et al. Genome-wide identification of circular RNAs in arabidopsis thaliana[J]. Frontiers in Plant Science,2017,8:1678.

[122]CHEN L,ZHANG P,FAN Y,et al. Transposons modulate transcriptomic and phenotypic variation via the formation of circular RNAs in maize[J]. Cold Spring Harbor Laboratory,2017:100578.

[123]ZHOU R,ZHU Y X,ZHAO J,et al. Transcriptome-wide identification and characterization of potato circular RNAs in response to Pectobacterium carotovorum subspecies brasiliense infection[J]. International Journal of Molecular Sciences,2017,19(1).

[124]KELEMEN O,COUVERTINI P,ZHANG Z Y,et al. Function of alternative splicing[J]. Gene,2013,514(1):1-30.

[125]BLACK D L. Mechanisms of alternative pre-messenger RNA splicing[J]. Annual Review of Biochemistry,2003,72(1):291-336.

[126]ZHANG X O,DONG R,ZHANG Y,et al. Diverse alternative back-splicing and alternative splicing landscape of circular RNAs[J]. Genome Research, 2016,26(9):1277-1287.

[127]LV L L,YU K Y,LU H Y,et al. Transcriptome-wide identification of novel circular RNAs in soybean in response to low-phosphorus stress[J]. PLoS ONE,2020,15(1):e0227243.

[128]CHU Q J,BAI P P,ZHU X T,et al. Characteristics of plant circular RNAs [J]. Briefings in Bioinformatics,2020,21(1):135-143.

[129]WANG Z P,LIU Y F,LI D W,et al. Identification of circular RNAs in kiwifruit and their species-specific response to bacterial canker pathogen invasion[J]. Frontiers in Plant Science,2017,8(413):00413.

[130]SZCZEŚNIAK M W,KABZA M,POKRZYWA R,et al. ERISdb:A database of plant splice sites and splicing signals[J]. Plant & Cell Physiology,2013, 54(2):e10.

[131]ZHAO T,WANG L Y,LI S,et al. Characterization of conserved circular RNA

in polyploid Gossypium species and their ancestors[J]. FEBS Letters,2017,591(21):3660-3669.

[132] GAO Z, LI J, LUO M, et al. Characterization and cloning of grape circular RNAs identified the cold resistance-related vv-circATS1[J]. Plant Physiology,2019,180(2):966-985.

[133] YE C Y, ZHANG X C, CHU Q J, et al. Full-length sequence assembly reveals circular RNAs with diverse non-GT/AG splicing signals in rice[J]. RNA Biology,2017,14(8):1055-1063.

[134] ZHU Y X, JIA J H, YANG L, et al. Identification of cucumber circular RNAs responsive to salt stress[J]. BMC Plant Biology,2019,19(1):164.

[135] LIU S, WANG Q J, LI X Y, et al. Detecting of chloroplast circular RNAs in Arabidopsis thaliana[J]. Plant Signaling & Behavior,2019,14(8):1621088.

[136] WESTHOLM J O, MIURA P M, OLSON S, et al. Genome-wide analysis of drosophila circular RNAs reveals their structural and sequence properties and age-dependent neural accumulation [J]. Cell Reports, 2014, 9 (5): 1966-1981.

[137] GAO Y, WANG J, ZHAO F. CIRI:an efficient and unbiased algorithm for de novo circular RNA identification[J]. Genome Biology,2015,16(1):4.

[138] WANG K, SINGH D, ZENG Z, et al. MapSplice:accurate mapping of RNA-seq reads for splice junction discovery[J]. Nucleic Acids Research,2010,38(18):e178.

[139] SZABO L, MOREY R, PALPANT N J, et al. Statistically based splicing detection reveals neural enrichment and tissue-specific induction of circular RNA during human fetal development[J]. Genome Biology,2015,16(1):126.

[140] ZENG X X, LIN W, GUO M Z, et al. A comprehensive overview and evaluation of circular RNA detection tools[J]. PLoS Computational Biology,2017,13(6):e1005420.

[141] HANSEN T B, VENO M T, DAMGAARD C K, et al. Comparison of circular RNA prediction tools[J]. Nucleic Acids Research,2016,44(6):e58.

[142] CHEN L, YU Y Y, ZHANG X C, et al. PcircRNA_finder:a software for

cicrRNA prediction in plants[J]. Bioinformatics,2016,32(22):3528-3529.

[143]GHOSAL S,DAS S,SEN R,et al. Circ2Traits:a comprehensive database for circular RNA potentially associated with disease and traits[J]. Frontiers in Genetics,2013,4:283.

[144]CHEN L L,YANG L. Regulation of circRNA biogenesis[J]. RNA Biology, 2015,12(4):381-388.

[145]GLAŽAR P,PAPAVASILEIOU P,RAJEWSKY N. circBase:a database for circular RNAs[J]. RNA,2014,20(11):1666-1670.

[146]LI J H,LIU S,ZHOU H,et al. starBase v2.0:decoding miRNA-ceRNA,miR-NA-ncRNA and protein-RNA interaction networks from large-scale CLIP-Seq data[J]. Nucleic Acids Research,2014,42(Database issue):D92-97.

[147]LIU Y C,LI J R,SUN C H,et al. CircNet:a database of circular RNAs derived from transcriptome sequencing data[J]. Nucleic Acids Research,2016, 44(D1):D209-D215.

[148]ZHENG L L,LI J H,WU J,et al. deepBase v2.0:identification,expression,e-volution and function of small RNAs,LncRNAs and circular RNAs from deep-sequencing data[J]. Nucleic Acids Research,2016,44(D1):D196-D202.

[149]DUDEKULA D B,PANDA A C,GRAMMATIKAKIS I,et al. CircInteractome: A web tool for exploring circular RNAs and their interacting proteins and mi-croRNAs[J]. RNA Biology,2016,13(1):34-42.

[150]CHEN X P,HAN P,ZHOU T,et al. cicrRNADb:A comprehensive database for human circular RNAs with protein-coding annotations[J]. Scientific Re-ports,2016,6:34985.

[151]CHU Q J,ZHANG X C,ZHU X T,et al. PlantcircBase:a database for plant circular RNAs[J]. Molecular Plant,2017,10(8):1126-1128.

[152]ZHANG P J,MENG X W,CHEN H J,et al. PlantCircNet:a database for plant circRNA-miRNA-mRNA regulatory networks[J]. Database the Journal of Biological Databases and Curation,2017,2017.

[153]YE J Z,WANG L,LI S Z,et al. AtCircDB:a tissue-specific database for Ara-bidopsis circular RNAs[J]. Briefings in Bioinformatics,2019,20(1):58-65.

[154] WANG K, WANG C, GUO B H, et al. CropCircDB: a comprehensive circular RNA resource for crops in response to abiotic stress[J]. Database the Journal of Biological Databases and Curation, 2019, 2019(1): baz053.

[155] MENG X W, HU D H, ZHANG P J, et al. CircFunBase: a database for functional circular RNAs[J]. Database the Journal of Biological Databases and Curation, 2019, 2019(1): baz003.

[156] WANG H Y, WANG H H, ZHANG H X, et al. The interplay between microRNA and alternative splicing of linear and circular RNAs in eleven plant species[J]. Bioinformatics, 2019, 35(17): 3119-3126.

[157] HANSEN T B, JENSEN T I, CLAUSEN B H, et al. Natural RNA circles function as efficient microRNA sponges[J]. Nature, 2013, 495(7441): 384-388.

[158] CHEN L L. The biogenesis and emerging roles of circular RNAs[J]. Nature Reviews Molecular Cell Biology, 2016, 17(4): 205-211.

[159] EBERT M S, NEILSON J R, SHARP P A. MicroRNA sponges: competitive inhibitors of small RNAs in mammalian cells[J]. Nature Methods, 2007, 4(9): 721-726.

[160] FRANCO-ZORRILLA J M, VALLI A, TODESCO M, et al. Target mimicry provides a new mechanism for regulation of microRNA activity[J]. Nature Genetics, 2007, 39(8): 1033-1037.

[161] VOINNET O. Origin, biogenesis, and activity of plant microRNAs[J]. Cell, 2009, 136(4): 669-687.

[162] AXTELL M J, BARTEL D P. Antiquity of microRNAs and their targets in land plants[J]. Plant Cell, 2005, 17(6): 1658-1673.

[163] DOLATA J, BAJCZYK M, BIELEWICZ D, et al. Salt stress reveals a new role for ARGONAUTE1 in miRNA biogenesis at the transcriptional and posttranscriptional levels[J]. Plant Physiology, 2016, 172(1): 297-312.

[164] LIU C, XIN Y, XU L, et al. Arabidopsis ARGONAUTE 1 binds chromatin to promote gene transcription in response to hormones and stresses[J]. Developmental Cell, 2018, 44(3): 348-361.

[165] YANG G D, LI Y Y, WU B J, et al. MicroRNAs transcriptionally regulate pro-

moter activity in Arabidopsis thaliana[J]. Journal of Integrative Plant Biology,2019,61(11):1128-1133.

[166]BRODERSEN P,SAKVARELIDZE-ACHARD L,BRUUN-RASMUSSEN M, et al. Widespread translational inhibition by plant miRNAs and siRNAs[J]. Science,2008,320(5880):1185-1190.

[167]KOU S J,WU X M,LIU Z,et al. Selection and validation of suitable reference genes for miRNA expression normalization by quantitative RT-PCR in citrus somatic embryogenic and adult tissues [J]. Plant Cell Reports, 2012, 31 (12):2151-2163.

[168]JIN W B,WU F L,XIAO L, et al. Microarray-based Analysis of Tomato miRNA Regulated by Botrytis cinerea[J]. Journal of Plant Growth Regulation,2011,31(1):38-46.

[169]ZHAO M X,MEYERS B C,CAI C M,et al. Evolutionary patterns and coevolutionary consequences of MIRNA genes and microRNA targets triggered by multiple mechanisms of genomic duplications in soybean [J]. Plant Cell, 2015,27(3):546-562.

[170]SUNKAR R, ZHU J K. Novel and stress-regulated microRNAs and other small RNAs from Arabidopsis[J]. Plant Cell,2004,16(8):2001-2019.

[171]LI W X,OONO Y,ZHU J H,et al. The Arabidopsis NFYA5 transcription factor is regulated transcriptionally and posttranscriptionally to promote drought resistance[J]. Plant Cell,2009,20(8):2238-2251.

[172]TRINDADE I,CAPITÃO C,DALMAY T,et al. miR398 and miR408 are upregulated in response to water deficit in Medicago truncatula [J]. Planta, 2010,231(3):705-716.

[173]ZHAO B T,LIANG R Q,GE L F,et al. Identification of drought-induced microRNAs in rice[J]. Biochemical and Biophysical Research Communications, 2007,354(2):585-590.

[174]KULCHESKI F R,DE OLIVEIRA L F V,MOLINA L G,et al. Identification of novel soybean microRNAs involved in abiotic and biotic stresses[J]. BMC Genomics,2011,12(1):307.

[175] SUNKAR R, LI Y F, JAGADEESWARAN G. Functions of microRNAs in plant stress responses[J]. Trends in Plant Science,2012,17(4):196-203.

[176] DING Y F,TAO Y L,ZHU C. Emerging roles of microRNAs in the mediation of drought stress response in plants[J]. Journal of Experimental Botany, 2013,64(11):3077-3086.

[177] 许硕. 野生大豆盐胁迫相关 microRNA 的功能分析[D]. 北京:中国农业科学院,2011.

[178] DING D,ZHANG L F,WANG H,et al. Differential expression of miRNAs in response to salt stress in maize roots[J]. Annals of Botany,2009,103(1): 29-38.

[179] KANTAR M,UNVER T,BUDAK H. Regulation of barley miRNAs upon dehydration stress correlated with target gene expression[J]. Functional & Integrative Genomics,2010,10(4):493-507.

[180] HUANG R R,ZHANG Y,HAN B,et al. Circular RNA HIPK2 regulates astrocyte activation via cooperation of autophagy and ER stress by targeting MIR124-2HG[J]. Autophagy,2017,13(10):1722-1741.

[181] ZHENG Q P,BAO C Y,GUO W J,et al. Circular RNA profiling reveals an abundant circHIPK3 that regulates cell growth by sponging multiple miRNAs [J]. Nature Communications,2016,7:11215.

[182] ZUO J H,WANG Q,ZHU B Z,et al. Deciphering the roles of circRNAs on chilling injury in tomato[J]. Biochemical and Biophysical Research Communications,2016,479(2):132-138.

[183] ZHANG G Y,DIAO S F,ZHANG T,et al. Identification and characterization of circular RNAs during the sea buckthorn fruit development[J]. RNA Biology,2019,16(3):354-361.

[184] ZUO J H,WANG Y X,ZHU B Z,et al. Network analysis of noncoding RNAs in pepper provides insights into fruit ripening control[J]. Scientific Reports, 2019,9(1):8734.

[185] LIU T F,ZHANG L,CHEN G,et al. Identifying and characterizing the circular RNAs during the lifespan of Arabidopsis leaves[J]. Frontiers in Plant

Science,2017,8:1278.

[186]BONNET E,HE Y,BILLIAU K,et al. TAPIR,a web server for the prediction of plant microRNA targets,including target mimics[J]. Bioinformatics,2010, 26(12):1566-1568.

[187]TONG W,YU J,HOU Y,et al. Circular RNA architecture and differentiation during leaf bud to young leaf development in tea (*Camellia sinensis*) [J]. Planta,2018,248(6):1417-1429.

[188]DARBANI B,NOEPARVAR S,BORG S. Identification of circular RNAs from the parental genes involved in multiple aspects of cellular metabolism in barley [J]. Frontiers in Plant Science,2016,7:776.

[189]CONN V M,HUGOUVIEUX V,NAYAK A,et al. A circRNA from SEPAL-LATA3 regulates splicing of its cognate mRNA through R-loop formation[J]. Nature Plants,2017,3(5):17053.

[190]HENTZE M W,PREISS T. Circular RNAs:splicing's enigma variations[J]. The EMBO Journal,2013,32(7):923-925.

[191]ABDELMOHSEN K,PANDA A C,MUNK R,et al. Identification of HuR target circular RNAs uncovers suppression of PABPN1 translation by CircPAB-PN1[J]. RNA Biology,2017,14(3):361-369.

[192]DU W W,YANG W N,LIU E,et al. Foxo3 circular RNA retards cell cycle progression via forming ternary complexes with p21 and CDK2[J]. Nucleic Acids Research,2016,44(6):2846-2858.

[193]SONENBERG N,HINNEBUSCH A G. Regulation of translation initiation in eukaryotes:mechanisms and biological targets [J]. Cell, 2009, 136 (4): 731-745.

[194]ABOUHAIDAR M G,VENKATARAMAN S,GOLSHANI A,et al. Novel coding,translation,and gene expression of a replicating covalently closed circular RNA of 220 nt[J]. Proceedings of the National Academy of Sciences of the United States of America,2014,111(40):14542-14547.

[195]WANG Y,WANG Z F. Efficient backsplicing produces translatable circular mRNAs[J]. RNA,2015,21(2):172-179.

[196]PAMUDURTI N R,BARTOK O,JENS M,et al. Translation of circRNAs[J]. Molecular Cell,2017,66(1):9-21.

[197]LEGNINI I,DI TIMOTEO G,ROSSI F,et al. Circ-ZNF609 is a circular RNA that can be translated and functions in myogenesis[J]. Molecular Cell,2017, 66(1):22-37.

[198]YANG Y,FAN X J,MAO M W,et al. Extensive translation of circular RNAs driven by N(6)-methyladenosine[J]. Cell Research, 2017, 27(5): 626-641.

[199]LUO Z,HAN L Q,QIAN J,et al. Circular RNAs exhibit extensive intraspecific variation in maize[J]. Planta,2019,250(1):69-78.

[200]SUN P,LI G L. CircCode:A powerful tool for identifying circRNA coding ability[J]. Frontiers in Genetics,2019,10:981.

[201]CHEN L F,DING X L,ZHANG H,et al. Comparative analysis of circular RNAs between soybean cytoplasmic male-sterile line NJCMS1A and its maintainer NJCMS1B by high-throughput sequencing[J]. BMC Genomics,2018, 19(1):663.

[202]WANG X S,CHANG X C,JING Y,et al. Identification and functional prediction of soybean circRNAs involved in low-temperature responses[J]. Journal of Plant Physiology,2020,250:153188.

[203]BARRETT S P,SALZMAN J. Circular RNAs:analysis,expression and potential functions[J]. Development,2016,143(11):1838-1847.

[204]FISCHER J W,LEUNG A K. CircRNAs:a regulator of cellular stress[J]. Critical Reviews in Biochemistry & Molecular Biology, 2017, 52(2): 220-233.

[205]CHEN Y H,LI C,TAN C L,et al. Circular RNAs:a new frontier in the study of human diseases[J]. Journal of Medical Genetics,2016,53(6):359-365.

[206]MENG S J,ZHOU H C,FENG Z Y,et al. CircRNA:functions and properties of a novel potential biomarker for cancer[J]. Molecular Cancer,2017,16 (1):94.

[207]ZHU X L,WANG X Y,WEI S Z,et al. hsa_circ_0013958:a circular RNA

and potential novel biomarker for lung adenocarcinoma[J]. The FEBS Journal,2017,284(14):2170-2182.

[208]LUKIW W J. Circular RNA (circRNA) in Alzheimer's disease (AD)[J]. Frontiers in Genetics,2013,4(307):307.

[209]YANG X F,WU J R,ZIEGLER T E,et al. Gene expression biomarkers provide sensitive indicators of in planta nitrogen status in maize [J]. Plant Physiology,2011,157(4):1841-1852.

[210]YAN X H,GURTLER J,FRATAMICO P,et al. Comprehensive approaches to molecular biomarker discovery for detection and identification of Cronobacter spp. (*Enterobacter sakazakii*) and Salmonella spp[J]. Applied and Environmental Microbiology,2011,77(5):1833-1843.

[211]STEINFATH M,STREHMEL N,PETERS R,et al. Discovering plant metabolic biomarkers for phenotype prediction using an untargeted approach[J]. Plant Biotechnology Journal,2010,8(8):900-911.

[212]LIANG Y W,ZHANG Y Z,XU L A,et al. CircRNA expression pattern and ceRNA and miRNA-mRNA networks involved in anther development in the CMS line of Brassica campestris [J]. International Journal of Molecular Sciences,2019,20(19):4808.

[213]刘腾飞. 拟南芥叶片生命周期中环状 RNAs 的鉴定及其特征探索[D]. 上海:华东师范大学,2018.

[214]MENG X W,ZHANG P J,CHEN Q,et al. Identification and characterization of ncRNA-associated ceRNA networks in Arabidopsis leaf development[J]. BMC Genomics,2018,19(1):607.

[215]YIN J L,LIU M Y,MA D F,et al. Identification of circular RNAs and their targets during tomato fruit ripening[J]. Postharvest Biology and Technology,2018,136(1):90-98.

[216]ZHOU R,XU L P,ZHAO L P,et al. Genome-wide identification of circRNAs involved in tomato fruit coloration[J]. Biochemical and Biophysical Research Communications,2018,499(3):466-469.

[217]ZENG R F,ZHOU J J,HU C G,et al. Transcriptome-wide identification and

functional prediction of novel and flowering – related circular RNAs from trifoliate orange (*Poncirus trifoliata* L. Raf.) [J]. Planta, 2018, 247 (5): 1191–1202.

[218] WANG J Y, YANG Y W, JIN L M, et al. Re–analysis of long non–coding RNAs and prediction of circRNAs reveal their novel roles in susceptible tomato following TYLCV infection [J]. BMC Plant Biology, 2018, 18 (1): 104.

[219] XIANG L X, CAI C W, CHENG J R, et al. Identification of circularRNAs and their targets in Gossypium under Verticillium wilt stress based on RNA–seq [J]. PeerJ, 2018, 6 (3): e4500.

[220] GHORBANI A, IZADPANAH K, PETERS J R, et al. Detection and profiling of circular RNAs in uninfected and maize Iranian mosaic virus–infected maize [J]. Plant Science, 2018, 274: 402–409.

[221] HOLM P B, DARBANI B, BORG S, et al. Dissecting plant iron homeostasis under short and long–term iron fluctuations [J]. Biotechnology Advances, 2013, 31 (8): 1292–1307.

[222] REN Y Z, YUE H F, LI L, et al. Identification and characterization of circ-RNAs involved in the regulation of low nitrogen–promoted root growth in hexa-ploid wheat [J]. Biological Research, 2018, 51 (1): 43.

[223] WANG W H, WANG J L, WEI Q Z, et al. Transcriptome–wide identification and characterization of circular RNAs in leaves of Chinese cabbage (*Brassica rapa* L. ssp. pekinensis) in response to calcium deficiency–induced tip–burn [J]. Scientific Reports, 2019, 9 (1): 14544.

[224] ZUO J H, WANG Y X, ZHU B Z, et al. Analysis of the coding and non–cod-ing RNA transcriptomes in response to bell pepper chilling [J]. International Journal of Molecular Sciences, 2018, 19 (7): 2001.

[225] PAN T, SUN X Q, LIU Y X, et al. Heat stress alters genome–wide profiles of circular RNAs in Arabidopsis [J]. Plant Molecular Biology, 2018, 96 (3): 217–229.

[226] ZHOU R, YU X Q, XU L P, et al. Genome–wide identification of circular RNAs in tomato seeds in response to high temperature [J]. Biologia planta-

rum,2019,63(1):97-103.

[227]HE X Y,GUO S R,WANG Y,et al. Systematic identification and analysis of heat-stress-responsive lncRNAs,circRNAs and miRNAs with associated co-expression and ceRNA networks in cucumber (*Cucumis sativus* L.) [J]. Physiologia Plantarum,2020,168(3):736-754.

[228]YANG Z,LI W,SU X,et al. Early response of radish to heat stress by strand-specific Ttranscriptome and miRNA analysis[J]. International Journal of Molecular Sciences,2019,20(13):3321.

[229]WANG Y X,YANG M,WEI S M,et al. Identification of circular RNAs and their targets in leaves of Triticum aestivum L. under dehydration stress[J]. Frontiers in Plant Science,2016,7:2024.

[230]WANG J X,LIN J,WANG H,et al. Identification and characterization of circRNAs in Pyrus betulifolia Bunge under drought stress[J]. PLoS ONE, 2018,13(7):e0200692.

[231]ZHANG P,FAN Y,SUN X P,et al. A large-scale circular RNA profiling reveals universal molecular mechanisms responsive to drought stress in maize and Arabidopsis[J]. Plant Journal,2019,98(4):697-713.

[232]LI H. Aligning sequence reads,clone sequences and assembly contigs with BWA-MEM[J]. Quantitative Biology,2013:1-3.

[233]WANG L K,FENG Z X,WANG X,et al. DEGseq:an R package for identifying differentially expressed genes from RNA-seq data[J]. Bioinformatics, 2010,26(1):136-138.

[234]YOO S D,CHO Y H,SHEEN J. Arabidopsis mesophyll protoplasts:a versatile cell system for transient gene expression analysis[J]. Nature Protocols,2007, 2(7):1565-1572.

[235]LI J,LONG Y,QI G N,et al. The Os-AKT1 channel is critical for K+ uptake in rice roots and is modulated by the rice CBL1-CIPK23 complex[J]. Plant Cell,2014,26(8):3387-3402.

[236]CLOUGH S J,BENT A F. Floral dip:a simplified method for Agrobacterium-mediated transformation of Arabidopsis thaliana[J]. Plant Journal,1998,16

(6):735-743.

[237]PAZ M M,MARTINEZ J C,KALVIG A B,et al. Improved cotyledonary node method using an alternative explant derived from mature seed for efficient Agrobacterium - mediated soybean transformation [J]. Plant Cell Reports, 2006,25(3):206-213.

[238]XU J,LI H D,CHEN L Q,et al. A protein kinase,interacting with two calcineurin B-like proteins,regulates K+ transporter AKT1 in Arabidopsis[J]. Cell,2006,125(7):1347-1360.

[239]WEI P P,CHEN D M,JING R A,et al. Ameliorative effects of foliar methanol spraying on salt injury to soybean seedlings differing in salt tolerance[J]. Plant Growth Regulation,2015,75(1):133-141.

[240]PRATS A C, PRATS H. Translational control of gene expression:role of IRESs and consequences for cell transformation and angiogenesis[J]. Progress in Nucleic Acid Research and Molecular Biology,2002,72:367-413.

[241]KERESZT A,LI D X,INDRASUMUNAR A,et al. Agrobacterium rhizogenes-mediated transformation of soybean to study root biology[J]. Nature Protocols,2007,2(4):948-952.

[242]Li J R,Todd T C,Trick H N. Rapid in planta evaluation of root expressed transgenes in chimeric soybean plants[J]. Plant Cell Reports,2009,29(2): 113-123.

[243]VIEIRA R D,TEKRONY D M,EGLI D B. Effect of Drought and Defoliation Stress in the Field on Soybean Seed Germination and Vigor [J]. Crop Science,1992,32(2):471-475.

[244]IQBAL N,HUSSAIN S,RAZA M A,et al. Drought tolerance of soybean (Glycine max L. Merr.) by improved photosynthetic characteristics and an efficient antioxidant enzyme activities under a split-root system[J]. Frontiers in Physiology,2019,10:786.

[245]GAO Y,MA J,ZHENG J C,et al. The elongation factor GmEF4 is involved in the response to drought and salt tolerance in soybean[J]. International Journal of Molecular Sciences,2019,20(12):3001.

［246］IGIEHON N O,BABALOLA O O,AREMU B R. Genomic insights into plant growth promoting rhizobia capable of enhancing soybean germination under drought stress［J］. BMC Microbiology,2019,19(1):159.

［247］YU Y H,NI Z Y,WANG Y,et al. Overexpression of soybean miR169c confers increased drought stress sensitivity in transgenic *Arabidopsis thaliana*［J］. Plant Science,2019,285:68-78.

［248］LI J,MA M,YANG X S,et al. Circular HER2 RNA positive triple negative breast cancer is sensitive to Pertuzumab［J］. Molecular Cancer,2020,19(1):142.

［249］GAO Y,WANG J F,ZHENG Y,et al. Comprehensive identification of internal structure and alternative splicing events in circular RNAs［J］. Nature Communications,2016,7(1):12060.

［250］王晓丽,徐志鸿,韦文长,等. 干旱胁迫对云南松苗木生长及碳酸酐酶的影响［J］. 山东农业大学学报(自然科学版),2019,50(1):6-11.

［251］YANG H L,ZHANG D Y,LI H Y,et al. Ectopic overexpression of the aldehyde dehydrogenase ALDH21 from *Syntrichia caninervis* in tobacco confers salt and drought stress tolerance［J］. Plant Physiology and Biochemistry,2015,95:83-91.

［252］BEN SAAD R,BEN HALIMA N,GHORBEL M,et al. AlSRG1,a novel gene encoding an RRM-type RNA-binding protein(RBP) from *Aeluropus littoralis*,confers salt and drought tolerance in transgenic tobacco［J］. Environmental and Experimental Botany,2018,150:25-36.

［253］PANDEY G K,SHARMA M,JHA S K,. Role of cyclic nucleotide gated channels in stress management in plants［J］. Current Genomics,2016,17(4):315-329.

［254］DHARMASIRI S,DHARMASIRI N,HELLMANN H,et al. The RUB/Nedd8 conjugation pathway is required for early development in Arabidopsis［J］. The EMBO Journal,2003,22(8):1762-1770.

［255］王涛. 大豆 miR172 及靶基因参与开花诱导和逆境响应的功能分析［D］. 哈尔滨:东北农业大学,2016.

[256] LI X P,MA X C,WANG H,et al. Osa-miR162a fine-tunes rice resistance to Magnaporthe oryzae and Yield[J]. Rice,2020,13(1):38.

[257] 邓德力. 木薯抗旱相关 MemiR-162a 及其靶基因的分析[D]. 海口:海南大学,2015.

[258] BALDONI E,GENGA A,COMINELLI E. Plant MYB transcription factors: Their role in drought response mechanisms[J]. International Journal of Molecular Sciences,2015,16(7):15811-15851.

[259] LEE D K,KIM H,JANG G,et al. The NF-YA transcription factor OsNF-YA7 confers drought stress tolerance of rice in an abscisic acid independent manner[J]. Plant Science,2015,241:199-210.

[260] AHMAD I,MIAN A,MAATHUIS F J M. Overexpression of the rice AKT1 potassium channel affects potassium nutrition and rice drought tolerance[J]. Journal of Experimental Botany,2016,67(9):2689-2698.

[261] 玉山江·麦麦提,熊叶辉,麦合木提江·米吉提,等. 转 IPT 基因水稻的抗旱性研究[J]. 中国农业科技导报,2012,14(6):30-35.

[262] YU Y H,BI C X,WANG Q,et al. Overexpression of TaSIM provides increased drought stress tolerance in transgenic Arabidopsis[J]. Biochemical and Biophysical Research Communications,2019,512(1):66-71.

[263] FINKELSTEIN R R,GAMPALA S S L,ROCK C D. Abscisic acid signaling in seeds and seedlings[J]. Plant Cell,2002,14(Suppl):S15-S45.

[264] YOSHIDA T,MOGAMI J,YAMAGUCHI-SHINOZAKI K. ABA-dependent and ABA-independent signaling in response to osmotic stress in plants[J]. Current Opinion in Plant Biology,2014,21:133-139.

[265] LUO Y J,WANG Z J,JI H T,et al. An Arabidopsis homolog of importin beta1 is required for ABA response and drought tolerance[J]. Plant Journal,2013,75(3):377-389.

[266] LUO X,BAI X,SUN X L,et al. Expression of wild soybean WRKY20 in Arabidopsis enhances drought tolerance and regulates ABA signalling[J]. Journal of Experimental Botany,2013,64(8):2155-2169.

[267] LI M R,LI Y,LI H Q,et al. Overexpression of AtNHX5 improves tolerance to

both salt and drought stress in *Broussonetia papyrifera* (L.) Vent[J]. Tree Physiology,2011,31(3):349-357.

[268]LIU G Z,LI X L,JIN S X,et al. Overexpression of rice NAC gene SNAC1 improves drought and salt tolerance by enhancing root development and reducing transpiration rate in transgenic cotton[J]. PloS ONE,2014,9(1):e86895.

[269]SAVOURÉ A,HUA X J,BERTAUCHE N,et al. Abscisic acid-independent and abscisic acid-dependent regulation of proline biosynthesis following cold and osmotic stresses in *Arabidopsis thaliana*[J]. Molecular & General Genetics,1997,254(1):104-109.

[270]KO J H,YANG S H,HAN K H. Upregulation of an Arabidopsis RING-H2 gene,XERICO,confers drought tolerance through increased abscisic acid biosynthesis[J]. The Plant Journal,2006,47(3):343-355.

[271]Fridovich I. Superoxide dismutases [J]. Reference Module in Biomedical Sciences,2013:352-354.

[272]RAYCHAUDHURI S S,Deng X W. The role of superoxide dismutase in combating oxidative stress in higher plants[J]. The Botanical Review,2000,66(1):89-98.

[273]LLAVE C,XIE Z X,KASSCHAU K D,et al. Cleavage of Scarecrow-like mRNA targets directed by a class of Arabidopsis miRNA[J]. Science,2002,297(5589):2053-2056.

[274]NI Z Y,HU Z,JIANG Q Y,et al. GmNFYA3,a target gene of miR169,is a positive regulator of plant tolerance to drought stress [J]. Plant Molecular Biology,2013,82(1-2):113-129.

[275]MA Q,HU J,ZHOU X R,et al. ZxAKT1 is essential for K^+ uptake and K^+/Na^+ homeostasis in the succulent xerophyte Zygophyllum xanthoxylum [J]. Plant Journal,2017,90(1):48-60.

[276]AHMAD I,MAATHUIS F J M. Cellular and tissue distribution of potassium: physiological relevance, mechanisms and regulation [J]. Journal of Plant Physiology,2014,171(9):708-714.

[277]CHEN Z H,CUIN T A,ZHOU M X,et al. Compatible solute accumulation

and stress - mitigating effects in barley genotypes contrasting in their salt tolerance [J]. Journal of Experimental Botany, 2007, 58 (15 - 16): 4245-4255.

[278] SHABALA S, POTTOSIN I. Regulation of potassium transport in plants under hostile conditions: implications for abiotic and biotic stress tolerance [J]. Physiologia Plantarum, 2014, 151(3):257-279.

[279] FENG X, LIU W X, QIU C W, et al. HvAKT2 and HvHAK1 confer drought tolerance in barley through enhanced leaf mesophyll H(+) homoeostasis [J]. Plant Biotechnology Journal, 2020, 18(8):1683-1696.

[280] WANG S M, WAN C G, WANG Y R, et al. The characteristics of Na$^+$, K$^+$ and free proline distribution in several drought-resistant plants of the Alxa Desert, China[J]. Journal of Arid Environments, 2004, 56(3):525-539.

[281] HECKMAN D S, GEISER D M, EIDELL B R, et al. Molecular evidence for the early colonization of land by fungi and plants [J]. Science, 2001, 293 (5532):1129-1133.

[282] SERGEY S, OLGA B, IAN N. Ion-specific mechanisms of osmoregulation in bean mesophyll cells[J]. Journal of Experimental Botany, 2000, 51 (348): 1243-1253.

[283] NIEVES-CORDONES M, CABALLERO F, MARTINEZ V, et al. Disruption of the Arabidopsis thaliana inward-rectifier K$^+$ channel AKT1 improves plant responses to water stress[J]. Plant & Cell Physiology, 2012, 53(2):423-432.

[284] ESSA T A. Effect of salinity stress on growth and nutrient composition of three soybean (*Glycine max* L. Merrill) cultivars [J]. Journal of Agronomy and Crop Science, 2002, 188(2):86-93.

[285] MAATHUIS F J M, AMTMANN A. K$^+$ nutrition and Na$^+$ toxicity: the basis of cellular K$^+$/Na$^+$ ratios[J]. Annals of Botany, 1999, 84(2):123-133.

[286] SHABALA S, CUIN T A. Potassium transport and plant salt tolerance [J]. Physiologia Plantarum, 2008, 133(4):651-669.

[287] ARDIE S W, LIU S K, TAKANO T. Expression of the AKT1-type K$^+$ channel gene from Puccinellia tenuiflora, PutAKT1, enhances salt tolerance in Arabi-

dopsis[J]. Plant Cell Reports,2010,29(8):865-874.

[288]MA Q,HU J,ZHOU X R,et al. ZxAKT1 is essential for K$^+$ uptake and K$^+$/ Na$^+$ homeostasis in the succulent xerophyte *Zygophyllum xanthoxylum*[J]. Plant Journal,2016,90(1):48-60.

[289]GAYMARD F,PILOT G,LACOMBE B,et al. Identification and disruption of a plant shaker-like outward channel involved in K$^+$ release into the xylem sap [J]. Cell,1998,94(5):647-655.

[290]LIU K,LI L,LUAN S. Intracellular K$^+$ sensing of SKOR,a Shaker-type K$^+$ channel from Arabidopsis[J]. Plant Journal,2006,46(2):260-268.

[291]BLUMWALD E,AHARON G S,APSE M P. Sodium transport in plant cells [J]. Biochimica et Biophysica Acta,2000,1465(1-2):140-151.

[292]APSE M P,BLUMWALD E. Na$^+$ transport in plants[J]. FEBS Letters, 2007,581(12):2247-2254.

[293]SHI H Z,QUINTERO F J,PARDO J M,et al. The putative plasma membrane Na$^+$/H$^+$ antiporter SOS1 controls long-distance Na$^+$ transport in plants[J]. Plant Cell,2002,14(2):465-477.

[294]QIU Q S,GUO Y,DIETRICH M A,et al. Regulation of SOS1,a plasma membrane Na$^+$/H$^+$ exchanger in *Arabidopsis thaliana*, by SOS2 and SOS3[J]. Proceedings of the National Academy of Sciences of the United States of America,2002,99(12):8436-8441.

[295]ZHAO X F,WEI P P,LIU Z,et al. Soybean Na$^+$/H$^+$ antiporter GmsSOS1 enhances antioxidant enzyme activity and reduces Na$^+$ accumulation in Arabidopsis and yeast cells under salt stress[J]. Acta Physiologiae Plantarum,2016, 39(1):19.

[296]SOTTOSANTO J B,SARANGA Y,BLUMWALD E. Impact of AtNHX1,a vacuolar Na$^+$/H$^+$ antiporter,upon gene expression during short- and long-term salt stress in *Arabidopsis thaliana*[J]. BMC Plant Biology,2007,7(1):18.

[297]STAAL M,MAATHUIS F J M,ELZENGA J T M,et al. Na$^+$/H$^+$ antiport activity in tonoplast vesicles from roots of the salt-tolerant Plantago naritima and salt-sensitive Plantago media[J]. Physiologia Plantarum,1991,82(2):179-

184.

[298]LI W Y F, WONG F L, TSAi S N, et al. Tonoplast-located GmCLC1 and GmNHX1 from soybean enhance NaCl tolerance in transgenic bright yellow (BY)-2 cells[J]. Plant Cell & Environment,2006,29(6):1122-1137.

[299]GIERTH M, MASER P. Potassium transporters in plants--involvement in K$^+$ acquisition, redistribution and homeostasis [J]. FEBS Letters, 2007, 581 (12):2348-2356.

[300]SUNARPI, HORIE T, MOTODA J, et al. Enhanced salt tolerance mediated by AtHKT1 transporter-induced Na unloading from xylem vessels to xylem parenchyma cells[J]. The Plant Journal,2005,44(6):928-938.

[301]CHEN H T, HE H, YU D Y. Overexpression of a novel soybean gene modulating Na$^+$ and K$^+$ transport enhances salt tolerance in transgenic tobacco plants [J]. Physiologia Plantarum,2011,141(1):11-18.